S
Science

Ethical Issues and Governance in the Frontiers of Life Sciences

生命科学领域前沿伦理问题及治理

Ethical Issues and Governance in the Frontiers of Life Sciences

黄小茹 著

北京大学出版社
PEKING UNIVERSITY PRESS

图书在版编目（CIP）数据

生命科学领域前沿伦理问题及治理 / 黄小茹著. —北京：北京大学出版社，2020.10
ISBN 978-7-301-31683-2

Ⅰ.①生… Ⅱ.①黄… Ⅲ.①生命伦理学—研究 Ⅳ.① B82-059

中国版本图书馆 CIP 数据核字（2020）第 188083 号

书　　　名	生命科学领域前沿伦理问题及治理 SHENGMING KEXUE LINGYU QIANYAN LUNLI WENTI JI ZHILI
著作责任者	黄小茹　著
责 任 编 辑	张亚如
标 准 书 号	ISBN 978-7-301-31683-2
出 版 发 行	北京大学出版社
地　　　址	北京市海淀区成府路 205 号　100871
网　　　址	http://www.pup.cn　新浪微博：@北京大学出版社
微信公众号	科学与艺术之声（微信号：sartspku）
电 子 信 箱	zyl@pup.pku.edu.cn
电　　　话	邮购部 010-62752015　发行部 010-62750672 编辑部 010-62753056
印 刷 者	三河市博文印刷有限公司
经 销 者	新华书店
	650 毫米 ×980 毫米　16 开本　12 印张　120 千字 2020 年 10 月第 1 版　2020 年 10 月第 1 次印刷
定　　　价	45.00 元

未经许可，不得以任何方式复制或抄袭本书之部分或全部内容。
版权所有，侵权必究
举报电话：010-62752024 电子信箱：fd@pup.pku.edu.cn
图书如有印装质量问题，请与出版部联系，电话：010-62756370

目录
Contents

第一章 导 论 1

第二章 社会情境中的科技伦理、法律和社会问题 11

    第一节 科技伦理、法律和社会问题研究的进展与趋势 ... 13

    第二节 社会情境中的伦理问题：以干细胞研究伦理争议

           与处理为例 32

第三章 生命科学领域前沿伦理问题及应对 51

    第一节 转基因风险及应对 53

    第二节 神经科学数据应用引发的隐私问题 68

    第三节 ICT 植入物研究和应用的伦理问题及应对 83

    第四节 人类基因编辑技术的伦理问题应对 102

第四章 科技伦理问题与政策 115

    第一节 伦理争议及其对政策的影响——以干细胞研究和

           应用为例 117

第二节　科学研究伦理规范和政策的形成——以英国人类胚胎研究为例 133

第五章　科技伦理治理体制、机制建设 147

第一节　边界组织与伦理治理机制——以合成生物学领域为例 149

第二节　科技伦理问题与国家科技伦理体制 168

后　记 179

第一章

导　论

当前，基因编辑、合成生物学、干细胞、神经技术、人工智能等新兴科学技术研究和应用带来了涉及生命健康安全、隐私保护、社会关系、生态安全、资源分配、国家安全等诸多伦理、法律和社会问题，一些存在伦理问题和争议的研究和应用引起国内外学界和社会的强烈关注，既有的科技治理体系面临巨大挑战。

当前，基因编辑、合成生物学、干细胞、神经技术、人工智能等新兴科学技术研究和应用带来了涉及生命健康安全、隐私保护、社会关系、生态安全、资源分配、国家安全等诸多伦理、法律和社会问题，一些存在伦理问题和争议的研究和应用引起国内外学界和社会的强烈关注，既有的科技治理体系面临巨大挑战，中共中央对伦理问题也是前所未有地重视。

2019年7月，中共中央全面深化改革委员会第九次会议审议通过了《国家科技伦理委员会组建方案》。同年10月，中国共产党十九届四中全会提出健全科技伦理治理体制，将其作为国家治理体系的重要组成部分。尽管我国科技伦理治理体制、机制建设的进展非常快，但是，相对于新兴科技伦理治理的发展需求，相比于发达国家的实践，我国对伦理问题及其治理的认识和研究还存在一定局限，实际的伦理规范、治理机制相对滞后，功能发挥有限，难以及时预测、处理各种伦理问题，在国际交流与合作中也屡受争议。

新兴科技伦理问题已经成为影响科技安全乃至未来社会安定和国家安全的重大风险点之一。当前，科技进步已经走在规制之前，伦理治理需求迫切，研究新兴科技伦理问题及其治理体制和机制，目的是要防范风险和化解风险，推进新时代科技强国重大战略实施。因此，探索新兴科技前沿伦理问题，认识我国社会文化背景下伦理问题的特殊性，思考可能的治理架构，研究相应的制度和政策等，是健全国家科技伦理治理体制和机制的支撑工作，可以促进我国生命科学领域新兴科技健康发展。

一、生命科学领域伦理问题的讨论

对现代科学技术及其应用的伦理问题的广泛探讨，是从美国研制原子弹的曼哈顿工程开端的。20世纪70年代开始，生命科学领域的伦理问题凸显，国际上已经有关于基因研究（如人类遗传疾病筛查、产前诊断等）的伦理、法律和社会问题的讨论和研究。之后，随着基因技术的进一步发展，人类原有的伦理和法律观念、社会秩序都受到了空前的冲击，社会旧有的伦理、法律、政策、经济格局和社会心理却没有做好充分的准备。

为了保证生命科学技术的安全使用，防范可能出现的技术滥用，相应的伦理思考、法律思考相继出现。20世纪70年代开始的对伦理问题的讨论和研究主要关注某个具体技术责任的伦理学问题或者说科学家责任问题[1]。关于新科学技术及其后果问题的文献大幅增加[2]。

20世纪80年代以来，技术发展过程中又发生了一系列非主观意愿重大事件，比如技术设施故障（切尔诺贝利核事故、博帕尔毒气泄漏事故等），事故所带来的人体健康问题、自然环境后果（空气和水源污染、臭氧层空洞、气候变化）、负面的社会影响和文化影响等，进一步引发人们的思考。此时的研究仍认为科学技术具有中性价值，但对科学技术及其应用的乐观主义开始削弱。转基因作物、转基因食品等的出现进一步将问题引向对人的"技术改良"的讨论。

在此背景下，1986年美国能源部正式宣布了"人类基因组计划"（Human Genome Project）。作为该计划中的"伦理、法律和社会影响"（Ethical, Legal and Social Issues, ELSI）研究计划也于1990年设立。由此，生命科学的伦理研究得以进入社会公众视野。ELSI研究计划使社会公众了解到研究者在

---

[1] JONAS H. The Imperative of Responsibility: In Search of an Ethics for the Technological Age. *Human Studies*, 1984, 11 (4):419-429.
[2] 格伦瓦尔德. 技术伦理学手册. 吴宁, 译. 北京：社会科学文献出版社, 2017.

主动应对生命科学发展带来的各种伦理问题。这种做法有助于增进社会对基因技术发展的信任和支持。因此，ELSI 研究计划被认为是人类基因组计划获得成功的必不可少的重要因素[①]。ELSI 计划开启了科学研究的一种新的模式，即在新的科学信息应用于社会实践前，就尝试以有组织的研究运作模式，预先发现并解决可能产生的问题，开展前瞻性研究，并以此影响科技成果的实际应用及相关政策导向。

2000 年之后，基因技术的进一步发展加深了我们对人类未来的担忧，推动了关于"人的自然本性之未来"的讨论。相关研究开始触及人类学、自然哲学和技术哲学层面的更深层次的问题[②]，着眼于最根本的人本身、科学技术和自然之间的关系，不再局限于讨论特定领域具体的伦理问题，不以获得特定领域具体的责任规范为目标取向。对于与生命科技相关的器官移植、试管婴儿、安乐死、基因治疗等新的科技进展所带来的伦理问题，科技共同体乃至全社会需要主动反思其对人的深远影响，厘清其中蕴藏的价值观、伦理意涵和道德义务。因此，生命科学伦理研究需要将新技术放置于具体环境中，在综合的关联环境中，从行为理论的角度针对其目的、手段和后果进行道德推演。

[①] National Human Genome Research Institute. ELSI Planning and Evaluation History. [2020-09-03].http://www.genome.gov/10001754.

[②] 格伦瓦尔德. 技术伦理学手册. 吴宁，译. 北京：社会科学文献出版社，2017: 5.

二、生命科学领域伦理问题与伦理治理

新兴科技研究及应用的伦理问题和社会风险使社会现有的各种观念、秩序、体制和机制等面临新的问题和挑战,甚至发生冲突,并影响到科技本身的发展以及社会的运行。显然,现代社会对新兴科学技术及其应用的规范已经不能仅仅局限于道德讨论的范畴了,还需进入国家和社会规制的层面,来应对这些问题和冲突。

1990年,美国国立卫生研究院和能源部设立的ELSI研究计划是人类基因组计划的一个组成部分,其所设定的功能和目的是进行前瞻性研究,如预见人类基因组测序对个体和社会的影响,审视人类基因组测序的伦理、法律和社会后果等。

生命科学伦理研究越来越关注前瞻性的政策影响。2011年,美国国家人类基因组研究所将技术发展的法律、治理和公共政策议题,列为有关基因技术发展的社会问题研究的四个优先项目之一,其研究内容包括目前基因组研究的影响、健康与公共政策和治理、新的政策和管理方式的发展[1]。

许多国家已经开始逐渐赋予伦理规范以"社会治理"的

---

[1] National Human Genome Research Institute. ELSI Research Domains. [2020-09-03]. http://www.genome.gov/27543732.

使命。不同国家的国情和文化传统不同，关注的内容和采取的具体手段也不尽相同。这是因为，在不同的文化环境中，伦理问题的阈值是不一样的。不同的传统文化、宗教禁忌、公众接纳度，与科学前沿探索技术突破的尺度之间存在影响关系，也就是说，伦理观念、社会环境对伦理治理政策会产生影响。此外，现实的伦理治理机制需要与既有的制度环境相适应，伦理治理具体的科学研究规范、政策法规、组织制度、运行机制需要放置于具体的制度环境中。在宏观上，伦理因素渗透到一个国家的科技体制之中；在中观上，伦理因素渗透到一个科研机构的组织结构、规章制度的制定和执行中，形成特有的组织文化，影响到一个科研机构的非正式的组织结构形式；在微观上，伦理因素渗透或影响到科研人员、科技决策者、科研管理人员的思想状况和实际行为。

三、我国生命科学领域伦理问题及治理

20世纪80年代以来，我国在生殖技术、器官移植、克隆、基因编辑、神经科技、异种移植、人工智能、人体机能增强等前沿研究和技术应用中，伦理问题突出，引起了学术界的高度关注。一系列有关生命伦理问题研究的著作陆续问世。

1987年，邱仁宗出版国内第一本生命伦理学专著《生命

伦理学》；2009年，胡庆澧、陈仁彪、张春美出版《基因伦理学》；2011年，王延光出版《中西方遗传伦理的理论与实践》；2012年，程国斌出版《人类基因干预技术伦理研究》；2014年，张新庆出版《基因治疗之伦理审视》；等等。《中国医学伦理学》《医学与哲学》《自然辩证法通讯》《自然辩证法研究》等刊物刊登了大量研究转基因、克隆、合成生物学、精准医疗、生物样本库、异种移植、基因治疗等领域伦理问题的文章。从前瞻性来说，已有研究跟踪了当时的最新科技，但未能预判潜在问题。近些年生命科学领域不断出现新的突破，新的伦理问题不断凸显，因此，相关研究还有很大空间。

新兴科技伦理问题或技术风险已经开始触及生命的界定、人类社会关系等，与国家、社会安全联系在一起，应采用治理的理念应对。国外新兴科技伦理治理机制的形成和发展显示：治理机制涉及多主体的参与，其结构是多元化的，本质是一个个多主体的"边界组织"的运作。

治理机制具有这样一些特点。一是合作性、参与性，涉及不同社会主体的参与、合作和协调；二是系统性，不能是单一的强制手段，而要形成一整套涵盖法律、体制、研究、教育、公众参与的监管机制；三是前瞻性，研究和监管要走在新兴科技发展之前；四是全程性，应覆盖研究、开发、应用、产业化全过程;五是研究先行,在伦理原则、规范的研究的基础上推进法律法规的制定和完善以及制度建设。

但目前我国还缺乏承担边界组织作用的角色以及推动边界组织形成和有效运行的社会基础。从更深的社会层面来看,原因在于围绕新兴科技领域的关系网络并没有形成一种稳定的良好状态,使得形成边界组织的推动力不足。我国伦理治理体系的不足具体表现在:首先,对相关研究应不应该做的实质伦理学的问题,认识和研究都非常不足;其次,伦理规范、政策、法律制定滞后、实施困难;最后,社会伦理意识还很薄弱。

基于治理的理念,应从源头研究、过程监管到社会支撑,全面推进新兴科技伦理治理体系建设,进而推进治理机制完善。一是通过各种方式或机制把政府、科研机构、企业、伦理学家(包括法律专家、社会学家等)、社会团体和公众联系到一起,相互合作,共同解决所面临的伦理问题以及社会和法律问题。二是充分运用科技项目平台、学术团体力量,有组织地开展新兴科技前沿研究,以及关于技术开发、成果应用边界、伦理原则、伦理规范等的研究。三是在伦理规范、政策、法律层面汇集力量,推进伦理政策、法律制定,完善伦理审查和监管体制。四是推进针对不同人群的、全覆盖的伦理传播、教育和培训,夯实科技伦理社会支撑基础。

第二章

社会情境中的科技伦理、法律和社会问题

伦理问题一直是生命科学领域发展的重要议题，影响着各国政府和相关国际组织在生命科学领域的法律、政策、规范的制定。伦理问题折射的是一个国家或地区的社会文化，在具体的社会情境中，伦理问题受到多种因素的干扰，始终处于伦理观念尺度和事实价值选择尺度的共同作用和互相"牵扯"之下。

第一节　科技伦理、法律和社会问题研究的进展与趋势

ELSI 研究是当前有关科技发展的各种伦理、法律和社会问题研究的概称。面对科技成果社会效应的不断显现和日益加剧，ELSI 研究实际上背负着巨大的压力。这种压力不仅来自学界，同时也来自社会。虽然我们不能要求所有的 ELSI 研究必须为科学议程的实施提供切实可行的解决方案，但是我们仍然期望它们能够思考、预测科学研究所带来的挑战，并尝试提示可能的回应方式。

一方面，ELSI 研究的兴起与发展，是伴随当代科学技术发展带来的各种实际或潜在的社会影响的必然结果，也是学界发展科学治理理念并付诸实施的体现。另一方面，随着新的科学技术的不断兴起，科技进步步伐的不断加快，ELSI 研究显然也需要不断跟进甚至以更具前瞻性的眼光、更加积极的姿态介

入科技发展,并不断引入新的学科、关注不同社会层面,以拓宽自身的研究域。因此,虽然 ELSI 研究已经有了很大的发展,但仍是一个日新月异的研究领域。

近年来,发达国家 ELSI 研究进展很快,特别是 2000 年之后,更呈现出全面和体制化、专业化的发展态势。与发达国家相比,我国的 ELSI 研究无论是在理论构建方面还是研究成果的社会影响方面,都还比较滞后,更加需要我们加强对 ELSI 研究范式及其发展趋势的关注。

一、ELSI 研究的兴起

有关科技发展所带来的各种伦理、法律和社会问题的研究由来已久。随着科学技术的发展,科学研究及其应用的影响力日益增大,其影响范围已不仅仅局限于科技界和产业界,还波及社会各个层面。科技在增强人类能力的同时,也改变甚至颠覆了社会传统的价值观念与思维方式。由此,社会不得不根据科技发展做出相应的思考和反应。

ELSI 研究得以进入社会公众视野,主要源于 1990 年开展的、人类基因组计划当中的 ELSI 研究计划。事实上,早在 20 世纪 70 年代,国际上已经有关于基因研究的伦理、法律和社会问题的讨论,比如人类遗传疾病筛查的伦理、社会和法律问题[1]，产前诊断的伦理、社会和法律问题[2]等。20世纪70年代，伴随重组DNA技术诞生而发展起来的基因技术，无疑对人类原有的伦理和法律观念、社会秩序产生了空前的冲击。面对新兴的基因技术，社会旧有的伦理、法律、政策、经济格局和社会心理显然还没有做好充分的准备。为了保证基因技术的安全使用，防范可能出现的技术滥用，相应的伦理思考、法律思考也随之而来。

人类基因组计划草案的形成与曼哈顿计划有很大关联。为了研究广岛和长崎地区核辐射对人体的影响，美国能源部进行了数十年有关核辐射对人类基因畸变作用的研究。但是，在广岛和长崎找到的遭受了核辐射的儿童样本量太小，难以发现其DNA结构的变异情况。1984年12月，美国能源部及国际环境诱变剂和致癌剂防护委员会在美国犹他州的阿尔塔召开了关于有效检测人类基因突变新方法的会议。会上提出了对受害者及其后代的全部基因序列进行测定的设想。而要做到这一点，首先必须测定出人类基因组全序列的参考文本。[3]于是，1985年，美国能源部在加利福尼亚召开了一次有关人类基因组全序列测

---

[1] BERGSMA D. Ethical, Social, and Legal Dimensions of Screening for Human Genetic Disease. *Birth Defects Original Article Series*, 1974(6): 272.

[2] POWLEDGE T M, FLETCHER J. Guidelines for the Ethical, Social and Legal Issues in Prenatal Diagnosis. *New England Journal of Medicine*, 1979, 300(4): 168-172.

[3] 李建会. 人类基因组研究的价值和社会伦理问题. 自然辩证法研究, 2001(1): 24-28.

定的会议，并形成了美国能源部的人类基因组计划草案。1986年 5 月，美国能源部正式宣布了人类基因组计划。

人类基因组计划甫一提出，就引起了极大的社会争议，出现了许多反对意见，引起了各方的关注和重视。其结果是，一方面吸引了美国科学院、美国国立卫生研究院等相关机构的全面参与，1990 年 10 月，人类基因组计划经美国国会批准后，由美国能源部和国立卫生研究院正式启动。随后，该计划扩展为大规模的国际合作计划，英国、日本、法国、德国、中国和印度等国家加入，形成了国际基因组测序联盟。另一方面，计划的组织者也意识到，从人类基因测序中获得的信息将可能对个人、家庭和社会产生深远的影响。虽然这些信息将可能极大地改善人类的健康，但同时也可能引起一系列复杂的伦理、法律和社会问题。应该如何解释和使用这种新的遗传信息？应当如何保护人们免受因信息的不当披露或不当使用而可能造成的危害？[1]

1990 年，美国国立卫生研究院和能源部设立了 ELSI 研究计划，以解决这些问题。ELSI 研究计划成为人类基因组计划的一个组成部分。其所设定的功能和目的是：预见人类基因组测序对个体和社会的影响；审视人类基因组测序的伦理、法律

---

[1] National Human Genome Research Institute. ELSI Planning and Evaluation History. [2020-09-03].http://www.genome.gov/10001754.

和社会后果；激发公众对此类问题的讨论；推动确保符合个体和社会利益的信息使用政策出台。1998年至2003年，ELSI研究计划设定了如下的研究重点：审查与人类基因序列测定以及人类基因差异有关的研究问题；审查把基因技术和信息应用到卫生保健和公众健康中的问题；审查把基因组学和基因环境相互作用的知识应用到非临床情况的问题；探索新的基因知识与哲学、神学、伦理学如何相互影响的问题；探索种族、文化传统和社会经济因素如何影响基因信息的使用、理解和解释问题，基因服务的利用问题，以及政策发展问题等。

ELSI研究计划一直获得美国联邦研发经费的支持。美国国家人类基因组研究所承诺每年投入人类基因组计划预算3%～5%的经费用于ELSI研究，成为全世界关于伦理、法律和社会问题研究的最大支持者。而美国国家人类基因组研究所在基因组工程方面的合作者——美国能源部能源研究办公室也划拨出一定的经费用于ELSI的研究和教育。[1]

ELSI研究计划产生了极大的影响。其一是对社会的影响。它使社会公众了解到现代科技发展带来的各种伦理问题，包括科学研究过程中可能出现的伦理问题，以及科学研究对自然和社会可能产生的影响问题。同时，它使公众了解到科学界对于

---

[1] National Human Genome Research Institute. ELSI Planning and Evaluation History. [2020-09-03].http://www.genome.gov/10001754.

科学发展所带来的各种后果的重视。科学原本被披上了堪称正确无误的外衣，而科学证据也往往被认为具有无可置疑的确定性，因而决策者也常常以所谓的科学来为决策加码。但是现代科技发展所带来的各种问题，与社会和公众对科技发展的预期有很大的落差，进而使得社会和公众对科技本身及其所带来的所有结果产生怀疑。ELSI研究计划在一定程度上是在应对社会和公众的怀疑，它使社会了解到科学界正在主动地避免失误。这种做法有助于增进社会对基因技术发展的信任和支持。因此，ELSI研究计划被认为是人类基因组计划获得成功的必不可少的重要因素[①]。

其二是对科学研究运作方式的影响。在科学家研究人类基因组的基本科学问题的同时，ELSI研究计划尝试确定、分析和解决在人类基因组研究中出现的伦理、法律和社会问题。由此，该计划提供了科学研究的一种新的模式，即在新的科学信息应用于社会实践前，就尝试以有组织的研究运作模式，预先发现并解决可能产生的问题，并以此影响科技成果的实际应用及相关政策导向。

ELSI研究计划取得了相当可观的成果，直接推动了有关科技伦理、法律和社会问题的研究。在计划实施10年后，

---

① National Human Genome Research Institute. ELSI Planning and Evaluation History. [2020-09-03].http://www.genome.gov/10001754.

ELSI 研究已经成为一个新的重要研究领域，该计划所支持的一系列研究和教育项目的实施，还对临床实践和公共政策等产生了一定的影响①。

二、ELSI 研究的新近发展

2003年，人类基因组计划完成，但 ELSI 研究仍继续受到美国政府的重视，由美国国家人类基因组研究所负责相关研究的推动并提供资助。ELSI 研究计划是基因技术的各种伦理、法律和社会问题研究的极大推动者，随着研究的深入和新兴科学技术的发展，ELSI 研究成为一个深受关注的研究领域，进入到一个新的发展时期，呈现出向多领域扩展、向纵深发展以及研究建制化的趋势。

1. ELSI 研究进展

20世纪80年代，有关 ELSI 研究的讨论虽然逐渐增多，但仍主要集中于医学与生命科学领域。至20世纪90年代，相关的讨论已经非常之多。基因技术所引发的社会关注很多，ELSI 研究也随之拓宽了自己的研究范畴，成为一个多学科交叉的研究领域。

---

① A Review and Analysis of the ELSI Research Programs at the National Institutes of Health and the Department of Energy (ERPEG Final Report). [2020-09-03]. http://www.repository.library.georgetown.edu/handle/10822/507169.

2000年之后，ELSI研究呈现出更加全面的发展态势。表现之一是研究不再局限于医学与生命科学领域。虽然生物技术，特别是基因技术仍然是ELSI研究关注的重点，但其他领域的各种伦理、法律和社会问题也逐渐开始受到关注。其中纳米技术领域是研究较早的领域，也是受到关注较多的领域[1]，近年来尤为突出，相关的讨论非常多[2][3][4]。此外还有计算科学领域[5]、环境科学领域等。

表现之二是多研究视角的切入。ELSI研究计划实施时间较长，形成了ELSI研究共同体，但其较为固化的研究模式也被认为非常需要突破。ELSI研究计划和评估小组（ELSI Research Planning and Evaluation Group，ERPEG）在对ELSI研究计划执行10年的回顾和分析中就明确提出，ELSI研究计划

---

[1] SMITH R H. Social, Ethical, and Legal Implications of Nanotechnology//ROCO M C, BAINBRIDGE W S. *Science Implications of Nanoscience and Nanotechnology*. Boston: Kluwer Academic Publishers, 2001:257-271.

[2] PATRA D, EJNAVARZALA H, BASU P K. Nanoscience and Nanotechnology: Ethical, Legal, Social and Environmental Issues. *Current Science*, 2009(5): 651-657.

[3] BJORNSTAD D J, WOLFE A K. Adding to the Mix: Integrating ELSI into a National Nanoscale Science and Technology Center. *Science and Engineering Ethics*, 2011, 17(4): 743-760.

[4] TUMA J R. Nanoethics and the Breaching of Boundaries: A Heuristic for Going from Encouragement to a Fuller Integration of Ethical, Legal and Social Issues and Science. *Science and Engineering Ethics*, 2011, 17(4): 761-767.

[5] MURTAGH J, SOBIESK E. Exploring the Ethical, Legal, and Social Aspects of the Computing Discipline. *Proceedings Frontiers in Education 1997 27th Annual Conference*, 1997, 1: 474-477.

应当鼓励引入传统ELSI研究共同体以外的新的理论视角，促进ELSI研究者与其他社会科学、人文学科之间的交流；应当吸引更多其他领域（如经济学、人类学、宗教学）的研究者的加入；应当鼓励ELSI研究发展中出现来自不同社会群体的声音。[1]

表现之三是深入研究具体学科领域的理论或实际应用中所存在或潜在的伦理、法律和社会问题。虽然随着科技的发展，有很多研究者开始关注新兴技术的伦理、法律和社会问题，但是ELSI研究新近发展非常突出的一点是，不再仅仅跟踪最新技术，如人类克隆或干细胞研究[2]，讨论相对宽泛的议题，而是越来越倾向于关注技术的临床、实际应用中遇到的伦理、法律和社会问题，比如，肿瘤学研究中的ELSI研究[3]，伦理、法律和社会维度的癫痫遗传学[4]，

---

[1] A Review and Analysis of the ELSI Research Programs at the National Institutes of Health and the Department of Energy (ERPEG Final Report). [2020-09-03]. http://www.repository.library.georgetown.edu/handle/10822/507169.

[2] Ibid.

[3] ELLERIN B E, FORMENTI S. The Impending ELSI Crisis: Identifying the Ethical, Legal, and Social Issues That Threaten the Future of Academic Oncology Research. *International Journal of Radiation Oncology• Biology• Physics*, 2004, 60(1): S553.

[4] SHOSTAK S, OTTMAN R. Ethical, Legal, and Social Dimensions of Epilepsy Genetics. *Epilepsia*, 2006, 47(10): 1595-1602.

产前及胚胎植入前基因检测所存在的 ELSI 问题[①],法庭科学中采集和存储的指纹信息和 DNA 样本的 ELSI 问题[②],等等。

表现之四是注重 ELSI 研究对实际政策的影响。虽然 ELSI 研究的设计初衷是探讨科技发展所产生的伦理、法律和社会问题,但是随着科技发展和研究推进,人们显然已经不能满足于这样一种"后知后觉"式的研究,而是希望 ELSI 研究发现能够反过来对政策制定产生实质性影响。比如在 2011 年,美国国家人类基因组研究所将技术发展的法律、治理和公共政策议题列为有关基因技术发展的社会问题研究的四个优先研究项目之一,其研究内容包括目前基因组研究的影响、健康与公共政策和治理、新的政策和管理方式的发展。[①]

2. ELSI 研究的体制化进展

ELSI 研究逐渐形成了一定的问题域、研究方法和资助体系,而且,伴随科技的发展、社会关注的增加和社会治理需求

[①] WANG C W, HUI E C. Ethical, Legal and Social Implications of Prenatal and Preimplantation Genetic Testing for Cancer Susceptibility. *Reproductive Biomedicine Online*, 2009, 19: 23-33.

[②] MICHAEL K. The Legal, Social and Ethical Controversy of the Collection and Storage of Fingerprint Profiles and DNA Samples in Forensic Science. *2010 IEEE International Symposium on Technology and Society*, 2010: 48-60.

[①] National Human Genome Research Institute. ELSI Research Domains. [2020-09-03]. http://www.genome.gov/27543732.

的升级，ELSI 研究呈现出广阔的发展空间，各项投入和资助力度逐渐加大，投身 ELSI 研究的群体也逐渐壮大。专业化、建制化研究的规模也正在逐步扩大，目前，ELSI 研究共同体已经初步形成，ELSI 研究已有体制化趋势。这一方面体现在越来越多的相关研究机构基于技术发展形势或受到资助而涉足 ELSI 研究，另一方面体现在新的专门的 ELSI 研究机构、组织建立。后者不仅表现在 ELSI 研究计划的发起国美国，在其他国家和地区，如英国、日本、中国台湾等，也已有相似的做法。

2003 年秋季，美国国家人类基因组研究所与美国能源部、美国国家儿童健康与人类发展研究院（National Institute of Child Health and Human Development）共同计划成立一批具有先驱性、跨学科的卓越 ELSI 研究中心（Centers of Excellence in ELSI Research）。这些中心的宗旨是召集多个学科的研究者以创新方式从事 ELSI 议题研究，培养下一代 ELSI 研究者，尤其是招募来自弱势团体的研究者。[1]

2004 年 8 月，美国国家人类基因组研究所正式宣布资助设立 4 个跨学科研究中心。这 4 个研究中心为全建制研究中心（full center），每个研究中心都有各自的研究侧重点，包括

---

[1] National Human Genome Research Institute. Centers of Excellence in ELSI Research. [2020-09-03].http://www.genome.gov/15014773.

华盛顿大学基因组学与医疗保健公平研究中心（University of Washington Center for Genomics and Healthcare Equality）、斯坦福大学医学院遗传学与伦理整合研究中心（Stanford University School of Medicine Center for Integration of Research on Genetics and Ethics）、杜克公共基因组学研究中心（The Duke Center for the Study of Public Genomics）、凯斯西储大学基因研究伦理与法律中心（Case Western Reserve University Center for Genetic Research Ethics and Law）。[1]每个研究中心都聚集了来自多个学科领域的研究者，涉及生物伦理、法律、行为和社会科学、临床医学、神学、公共政策以及基因和基因组研究。研究团队中学科交叉的特点，有助于研究中心针对基因研究的实际应用问题，探索创新性的研究路径。而研究中心的研究成果也将体现在基因技术研究的相关政策中。

为了使这些新成立的研究中心能符合规划中的创新目标，美国国家人类基因组研究所对这些中心的研究与运作方式给出了明确要求：应促进科学与人文学科研究者的密集、持续互动；应具有高度创新性，应发展 ELSI 研究议题的新概念、新方法；在 ELSI 研究关键议题上应取得实质进展，应包含完整

---

[1] National Human Genome Research Institute. NHGRI Launches Centers for Excellence in Ethical, Legal and Social Implications Research. [2020-09-03]. http://www.genome.gov/12512375.

的ELSI研究内容（开展分析性研究、质性与量化研究，将理论研究成果转化为公共政策，针对研究或医疗照护提出指导方针等），可使用未经证实的研究取向或方法论；应包含扩散研究成果的策略；扩充ELSI研究人才库，增加来自少数族群的研究者，等等。此外，美国国家人类基因组研究所也指出了不受认可的研究：延续既有研究、创新性不高的研究，计划停留在纸面上的研究，只是为既有计划或部门提供基础建设的研究。①此外，为了进一步扩大ELSI研究范畴，美国国家人类基因组研究所还另外设立了多个探索性研究中心（exploratory center），并逐步规划成立新的研究中心。

ELSI研究中心的设立和运行，是美国的相关管理部门和研究机构应对新近的基因和基因组研究成果所引发的最迫切的伦理、法律、社会问题的重要举措，可视为美国政府对于ELSI研究下一阶段的新规划，即以机构化、组织化的方式支持特定议题的积累性研究，训练、培养ELSI研究的专门人才，推动ELSI研究领域的长期、稳定发展。

中国台湾地区于2002年开始启动基因组医学科技计划，并同时开启了有关基因科技对伦理、法律、社会的影响的研究。在历经约10年的发展后，生技制药科技计划成立，伦

---

① National Human Genome Research Institute. Centers of Excellence in ELSI Research. [2020-09-03].http://www.genome.gov/15014773.

理、法律与社会影响（ELSI）办公室也随之成立，旨在对该计划中的"研究群组""发展群组""临床群组""产业推动办公室""核心设施"等分项或子计划推动过程中，所可能衍生的伦理、法律、社会议题，进行辨识、界定、分析、治理与规范。伦理、法律与社会影响办公室整合临床医学、生物科技、药学、伦理学、法学、社会学各领域的研究人员，以支持各分项、子计划为任务导向，分设伦理与教育组、法律规范组、公共参与组三个组，聚焦于研究伦理、组织库（Tissue Bank）、利益冲突、基因检测、特殊族群研究五大主题，为台湾地区生物科技制药研究发展及产业化提供建议及规范，促进相关议题的公共参与及合作。

三、ELSI 研究的发展趋势

当前 ELSI 研究已经引起伦理学、法学、社会学、心理学、宗教学、政策学等多个领域研究者的兴趣，并取得了很好的研究成果，形成了一定的社会影响，逐渐成为一个热门研究领域，形成了自己的研究共同体，并逐步建制化。但是，当前 ELSI 研究仍然存在一些问题。这些问题为 ELSI 研究者所关心，同时由于 ELSI 研究与科技发展和社会有密切关系，它还受到社会的关注。针对这些问题的思考和应对手段，也进一步体现为未来 ELSI 研究的发展趋势。

1. 已有研究的滞后性与未来研究的前瞻性要求

无论是研究主题的确定、研究方法的创新，还是研究路径的探索，已有的 ELSI 研究总体上都在追随科学研究的发展，是在科学研究的框架下进行的。虽然 ELSI 研究的初衷，是在新的科技成果应用于医疗实践前，就尝试预先发现并解决可能产生的伦理、社会和法律问题，但是目前的 ELSI 研究仍是以既有科技成果的潜在后果为研究对象的，因此 ELSI 研究总是滞后于科技发展。如果 ELSI 研究总是停留在对"后果问题"的阐述，无法以更广阔的视角和更高的眼光来规划自己的发展，那么它将无法体现出社会对科技发展方向的终极思考以及对科技发展的合理规制，其研究的价值和意义也将无法最大化。

这一问题已经受到了一定的重视，特别是在新兴的纳米技术研究领域。如阿里·里普（Arie Rip）等人所提出的"建构性技术评估"（Constructive Technology Assessment, CTA）以及大卫·古斯顿（David Guston）、丹尼尔·萨雷维茨（Daniel Sarewitz）提出的"实时技术评估"（Real-Time Technology Assessment, RTTA），都是在力图将 ELSI 研究从对技术后果的预测转移到更加前端的技术设计与开发，甚至技术政策的制定。[1]

---

[1] 曹南燕，胡明艳. 纳米技术的 ELSI 研究. 科学与社会，2011(2): 100-109.

进一步，政策领域也已经开始重视 ELSI 考量和研究在科技发展中所应当占据的主动地位。比如美国国会通过的《21 世纪纳米技术研究与发展法案》中对纳米技术的社会、伦理和环境考量的规划，德国国会技术后果评估局（TAB）所支持的对纳米技术机遇和风险的研究以及政策干预。

相比之下，目前我国无论是在 ELSI 研究还是研究的影响方面，做得都还远远不够。这不仅需要人文社会科学学者的努力，还需要不同学科以及科研管理和决策部门的通力合作。

2. 已有分散化研究与未来体制化研究

随着科技的发展以及社会对科技问题关注的升级、科学治理理念的萌发，ELSI 研究的重要性进一步凸显，社会也加大了对 ELSI 研究的投入。相比于个人型、阶段性、分散化的研究方式，拥有稳定的经费资助、专业团队、机构建制保障的专业化、建制化的研究运作方式显然能够更好地推进 ELSI 研究，以应对科技发展需求，满足社会要求。虽然目前这一方式在 ELSI 研究先行国家如美国等，已经有了比较好的开端，但是它还没有成为当前国际 ELSI 研究运作的主要方式。

设立研究机构并予以稳定支持可以推动 ELSI 研究的长足发展，对此，应在人才培育、经验传承、成果积累、学术基础建设方面做出系统性的规划。这是快速推进 ELSI 研究的一个很好的方式，也是未来 ELSI 研究发展的一个趋势。

3. 已有研究的封闭性与未来研究的全球化视域

科学研究的基本问题是相似的，不同国家和地区的 ELSI 研究具有一定的共通性。同时，科技发展所带来的挑战是全球性的，风险的最终承担者不会局限于发展技术的有限个体和狭窄区域。但从总体上看，ELSI 研究仍然在以一种相对狭窄、孤立、封闭的方式进行——主要由个体或者小的研究团队实施，并且在不同国家和地区之间存在着很大的差异，相互之间的沟通、交流、学习并不充分。考虑到我们所面临的科技发展风险以及经济社会全球化趋势，只有使 ELSI 研究以一种全球化、系统性、相互协调的方式进行①，才能以合适的方式实现推动科学技术良性发展的目标。因此，需要适时地开展全球化的 ELSI 研究，以形成更具整合性的研究规划，获得更加广泛的社会关注。

全球化视域的 ELSI 研究，既是比较不同国家和地区科技发展所带来的伦理、法律和社会问题差异的好方法，也是交流共通问题的很好途径。虽然 ELSI 研究取得了相当可观的成果，但对许多已经出现或将会出现的伦理争议，各方并没有形

---

① Developing a Global Vision for the Future of ELSI Research. [2012-02-01]. http://www.publichealth.ox.ac.uk/helex/news/news/developing-a-global-vision-for-the-future-of-elsi-research.

成共识，仍有待做进一步的分析、反思和探讨。对于全球性的ELSI研究战略，我们需要思考，面对差异和未知，如何在一个全球化战略图景中确定并实施自己的研究计划，如何在全球化图景中保持本土的传统和特性。这些问题对ELSI研究尚处于初始阶段的我国来说尤为重要。

如果ELSI研究是在全球层面系统性的合作模式下进行，那么研究者以及资助和管理机构需要意识到，ELSI研究正越来越注重研究议题、研究方法上的创新，尤其重视跨学科、跨领域性研究，注重将研究成果转化为实践应用的政策建议，注重以机构化、组织化方式支持特定议题的积累性研究。因此，我们需要详细掌握当前ELSI研究已有的工作情况，以确定应对未来科技发展的ELSI研究规划；需要研究现有知识框架下的全球化ELSI研究的合作机制，了解现有的研究计划，研究中心、机构、组织以及研究的资助、运作、评估模式等。

伦理、法律和社会问题同时也带有强烈的地方性。虽然一些基本的原则能够被绝大多数社会接受，但是除去具有共通性的问题，从事本土研究，其哲学思考、伦理尺度、社会背景并不一致。国外已有的研究，更多地代表当地的社会、宗教、哲学的观点，如近一二十年兴起的从后结构主义、后现代主义和女性主义等哲学和伦理学观点对基因工程的研究[1][2][3]。而这一点也已为国外研究者所注意，诸如科技发展所引发的族群差异与平等、不同文化与宗教传统对于科技发展及应用的影响等议题，近年来都非常受关注。因此，ELSI研究的"本土化"也是一个重要问题，有助于推动全球化视野下的ELSI研究的多元化，也更能使有关科技发展的伦理、法律、社会考量，适应或响应本土特殊的社会文化价值、问题和需求。

---

[1] 格伦瓦尔德. 技术伦理学手册. 吴宁，译. 北京：社会科学文献出版社，2017.
[2] COMSTOCK G L. *Life Science Ethics*. New York: Springer, 2010.
[3] MURRAY S J, HOLMES D, *Critical Interventions in the Ethics of Healthcare: Challenging the Principle of Autonomy in Bioethics*. New York: Routledge, 2009.

第二节　社会情境中的伦理问题：以干细胞研究伦理争议与处理为例

在具体的社会情境中，伦理问题受到多种利益的干扰，干细胞研究就是一个典型的案例。干细胞作为一种尚未特化的多能细胞，存在于胚胎、胎儿组织、脐带血、某些成人组织中，具有自我繁殖能力，以及分化发展出各种特化细胞、组织与器官的潜能。特别是取自早期胚胎的胚胎干细胞，最具发展潜力。干细胞研究有重大的生物医学意义与商业前景。对于不少患上衰退性疾病、遭受身体损伤的病人来说，干细胞研究被视为重获健康及活动能力的唯一希望。此外，在现代社会中，一些严重疾病的发病率在逐渐提高，使得很多人产生很强的忧患心理。这些状况导致社会对干细胞研究成果有很大的期望和需求。

然而，干细胞研究本身的伦理敏感性从一开始就是干细胞研究备受争议的关键问题。干细胞，特别是胚胎干细胞的获取方式将会破坏胚胎,由此引出对于生命尊严和胚胎伦理地位的讨论。干细胞研究的伦理争议使得研究一直处于矛盾中。面对干细胞研究本身的伦理问题,我们基于一定的传统文化和社会道德,会形成一定的看法。但是面对研究可能带来的巨大的经济、社会价值,我们可能会做出另外的选择。伦理观念尺度和事实价值选择尺度是干细胞研究领域发展的两个重要影响因素。在不同的国家和地区,人们会显现出不同的态度。这与该国、该地区的历史、社会文化、经济科技水平、发展战略有密切的关系。

"黄禹锡事件"中的一个现象可以很好地阐释这一问题。纵观"黄禹锡事件"始末,各类报道、声明、报告,纷纷扬扬、铺天盖地。也正因为如此,一些问题被隐藏在了其中。"黄禹锡事件"留给人们最深刻的印象,恐怕是一个曾经被视为"民族英雄""国家财富"的科学家在论文中造假,最后被判处徒刑。这样简单易懂而又具有巨大落差的戏剧性故事,吸引了很多人的眼球。但是"黄禹锡事件"中的问题远不限于此。虽然人们已经从很多方面对"黄禹锡事件"进行了解读,但是我们仍可从社会(特别是韩国社会)、媒体在"黄禹锡事件"中态度转变的过程看到,当科技取得突破性发展时,虽然社会现有的政治、法律还未来得及跟上,但是社会自有一套反馈规则。进而我们也可以看到,伦理问题非常复杂,我们在讨论诸如干细胞技术之类的新兴科技的伦理问题时,并不能孤立地看待伦理问题,而是需要具体地分析社会环境,而应对伦理问题的所谓社会治理机制也存在着必要的差异性。

一、再现"黄禹锡事件"

2005年至2006年,围绕黄禹锡发生的一系列事情,无疑是在国际科学界影响最大的事件。2005年秋后,在短短不到三个月的时间里,黄禹锡就从"韩国民族英雄""韩国最高科学家"的崇高地位上跌落下来,受到了同行质疑、科学调查、媒体曝光、民众声讨,并最终"罪名成立",名誉扫地。现在我们回过头来重新审视这一场风波时,不仅需要认真看待个体科学家的学术不端行为问题,也许更加需要深思这种颠覆是如何发生的。

从20世纪90年代开始,黄禹锡带领他的科研小组在克隆领域取得了巨大的成就,先后培育出克隆牛、克隆猪、克隆狗。从2001年起,黄禹锡的研究重点从动物转向了人类胚胎干细胞。2004年2月,黄禹锡在《科学》期刊上发表论文,宣布在世界上率先用卵子成功培育出人类胚胎干细胞。2005年5月,他又在《科学》期刊上发表论文,宣布攻克了利用患者体细胞克隆胚胎干细胞的科学难题,成功利用11名患者身上的体细胞克隆出早期胚胎,并从中提取了11个干细胞系。这些研究成果在当时引起了世界性轰动。随后,各种资助、荣誉接踵而来。韩国政府向其课题组提供巨额资金用于研究,并授予其"韩国最高科学家"荣誉。首尔大学国际干细胞研究中心成立,黄禹锡被任命为主任。《自然·医学》期刊2005年曾评论道:"在西方,黄禹锡是一个谜;在他自己的国家,他是一个或许拥有太多权力的科学家;在其他地方,他是一个干细胞'明星'。"①

从2004年开始,事态开始发生变化。"黄禹锡事件"可以划分为三个阶段:揭幕、高潮、落幕。

1. 事件揭幕

事件的起点乃是一个生命伦理问题——"卵子风波"。但是我们分别检视事件中的两个重要角色,即《自然》期刊和韩国生命伦理学咨询委员会,可以知道它们在"黄禹锡事件"掀起轩然大波之前的差不多两年时间里,已经就知情同意、伦理审查程序等伦理规范,对黄禹锡等人的研究提出了伦理质疑。它们分别代表了科学研究活动中的两个重要角色:学术期刊和伦理审查机构。但是,这些行动并没有使得事情有根本性变化。2005年6月,即使有这两个角色的伦理质疑在前,韩国最高科学家委员会会议仍然全票通过,使黄禹锡当选为韩国首位

---

① MANDAVILLI A. Profile: Woo-Suk Hwang. *Nature Medicine*, 2005, 11(5): 464-465.

"最高科学家"。

到2005年秋，更加密集的一轮伦理质疑开始了。11月13日，黄禹锡的重要合作伙伴、美国匹兹堡大学教授夏腾宣布，因黄禹锡的课题组涉嫌伦理问题，决定停止与黄禹锡的一切合作。11月22日，韩国MBC电视台深度调查栏目 *PD Notebook* 播出专题节目"黄禹锡神话的卵子出处疑惑"。面对这些质疑，黄禹锡在11月24日的新闻发布会上承认一年前用于干细胞研究的卵子的确是使用金钱购买来的，课题组的两名研究人员也提供了卵子。但是他明确表示自己是在伦理问题被全面论证之后，才知道有关的国际科学伦理文件——《赫尔辛基宣言》的。

我们进一步看当时韩国国内各阶层的反映。11月24日，首尔大学兽医学院伦理审查委员会公布调查结论时依然认为：（1）黄禹锡课题组在准备2004年《科学》期刊论文时，得到米兹梅迪医院提供的卵子，医院理事长卢圣一向部分提供卵子的女性支付过报酬；（2）课题组的两位女研究员曾捐献卵子，但她们是在干细胞研究因缺少卵子遇到困难后，为使研究尽快取得进展，出于献身科学的目的主动捐献卵子。虽然卵子来源存在上述问题，但这是在2005年有关生命伦理和安全的法律施行前发生的，因此不属于违法行为。而对于女研究员依照本人意愿捐献卵子的不同看法，应归结为东西方文化差异，该行为不能被认定为与规范医学实验的国际公约——《赫尔辛基宣言》相悖,所以并没有违反法律和伦理准则。

韩国政府也支持黄禹锡。2005年11月24日,韩国卫生与福利部就黄禹锡课题组的"卵子出处疑惑"发表了调查结论,认为课题组获取卵子的过程没有违反法律和伦理准则。卫生与福利部还宣称,虽然黄禹锡辞去了首尔大学国际干细胞研究中心主任一职,但2006年该中心仍将以支持实现特殊法人化的名义向他提供150亿韩元。韩国科技部也宣称,将筹措275亿韩元的资金支持黄禹锡的克隆干细胞研究。

在韩国民间,也兴起了支持黄禹锡的热潮。一方面是媒体大多数站在黄禹锡一边,指责MBC电视台损害国家利益。另一方面是民众自发地通过游行、慰问、捐献卵子、网络发言等方式支持黄禹锡。

此时,黄禹锡是"东西方伦理道德差异的牺牲品"这一观点,被很多人认为是对黄禹锡受到伦理质疑的最好解释。

2. 事件高潮

但是,之后事件的发展超出了人们的预期。压倒骆驼的最后一根稻草来了,事件进入了高潮期。2005年12月15日,卢圣一向媒体揭发,在黄禹锡宣称培育成功的11个胚胎干细胞系中,有9个是假的,另外2个也真假难辨。而夏腾也致函

《科学》期刊，要求将他的名字从有关论文中删除，并对论文的真实性提出质疑。之后，首尔大学的最终调查报告显示，黄禹锡课题组 2004、2005 年发表在《科学》期刊上的干细胞研究成果属于造假；除成功培育出全球首只克隆狗之外，黄禹锡所"独创的核心技术"无法得到认证。随后，《科学》期刊也宣布撤销黄禹锡等人被认定为造假的两篇论文。

至此，韩国国内舆论开始大转折。不管黄禹锡如何辩解道歉，韩国民众还是感到极度失望和愤怒。在"卵子风波"之中，韩国民众对黄禹锡的态度还是一面倒的支持与袒护，但面对黄禹锡的假造丑闻，韩国民众那曾经由黄禹锡研究成果而带来的自豪感顷刻化为泡影，失望的情绪无法用语言来表达。时任首尔大学医学院副院长的李旺载在 2005 年 12 月 15 日当天表示："今天应该是韩国科学界的'国耻日'。"

3. 事件落幕

接下来"黄禹锡事件"进入了"清算"阶段。2006 年，韩国检察机关以违反《特定经济犯罪加重处罚法》的欺诈罪、挪用公款罪以及违反《生命伦理安全法》的罪名起诉黄禹锡。首尔中央地方法院在 2009 年 10 月的一审判决中认为，黄禹锡从韩国 SK 财团和金融机构领取的 20 亿韩元研究经费并未违反《特定经济犯罪加重处罚法》，欺诈罪名不成立，但是侵吞研究经费和非法买卖卵子罪名成立,判处其有期徒刑2年、缓期3年执行。①黄禹锡和检察机关均不服并提起上诉。2010年,首尔高等法院在二审判决中表示,学术造假和接受企业赞助并无因果关系,不能看作欺诈;但研究经费并非个人所得,被用于科研以外的用途即属侵吞;研究中有偿采用实验用卵子也属违法。法院表示,黄禹锡有计划地侵吞研究经费,在国际上造成很坏的影响。但由于黄禹锡被指侵吞费用中的部分内容查无实据,特别是考虑到黄禹锡本人在科研领域的贡献等几方面因素,判处其有期徒刑18个月、缓期2年执行。

在两次判决中,法院判决的依据是《特定经济犯罪加重处罚法》和《生命伦理安全法》,涉及的是经济问题和伦理问题。黄禹锡私自挪用政府和民间组织提供的研究经费,用于非法收购人类卵子进行研究以及向政界人士提供政治捐款等,根据韩国《特定经济犯罪加重处罚法》,涉嫌挪用公款罪。而在《生命伦理安全法》正式生效后的2005年1月至同年8月间,黄禹锡向汉拿山妇产医院的患者提供手术费,作为她们提供卵子的报酬,其实验室的女研究员也参与提供卵子,违背该法的伦理准则。法院并没有就学术造假问题进行判决。

---

① CYRANOSKI D. Woo Suk Hwang Convicted, but not of Fraud. *Nature*, 2009, 461(7268): 1181-1182.

而对社会普遍关注的学术造假问题的处理则完全由研究机构执行。首尔大学纪律委员会做出决定：黄禹锡2004年和2005年在美国《科学》期刊发表的有关人类胚胎干细胞的论文造假，根本上违背了作为学者和教授所应遵守的诚信道德准则，损害了首尔大学的名誉和韩国的国际信誉。首尔大学对黄禹锡处以最高级别的处分，撤销他首尔大学教授职务，禁止他在5年内重新担任教授等公职，减半发放其退职金。与2篇造假论文相关的其他6名教授和其他合作者也受到了较轻的处罚。[1]

二、社会对"黄禹锡事件"的关注

纵观"黄禹锡事件"的整个过程，我们可以看到：虽然事件的起点是对卵子来源的伦理质疑，而且由于黄禹锡在克隆和干细胞研究领域的成就和地位，这一质疑在学界、社会上也引起了关注，但事实上，这些质疑并不足以动摇黄禹锡的地位，特别是他在韩国民众中的形象。直至其"造假"一事被曝光，才算是真正掀起了轩然大波，黄禹锡彻底被掀下马来。

检视社会不同群体对于事件的关注，可以发现，不同群体所关注的焦点并不一致。公众对干细胞研究成果强烈的现实需

---

[1] WOHN Y. Seoul National University Dimisses Hwang. Science, 2006, 311(5768): 1695.

求，带来了事实价值选择的问题，对所谓的干细胞研究伦理问题产生了另外的"牵扯"作用，使得单纯的科技伦理问题复杂化。

1. 法律关注的焦点

在"黄禹锡事件"中，虽然造假问题很严重，但是依据韩国法律，黄禹锡所受到的判决却只源于经济问题和伦理问题。韩国法院的判决并没有洗刷黄禹锡的"造假"指控，而是直接回避了这一问题。学术造假没有进入司法审判的范畴。

进入司法审判程序的是经济问题和伦理问题。就伦理问题而言，韩国社会关于干细胞研究的伦理问题及其法律规制从来就不是铁板一块。判决所依据的《生命伦理安全法》的出台是不同观点和不同利益代表博弈的结果。韩国科技部在2000年就成立了生命伦理学咨询委员会，针对人类克隆和干细胞研究，提供建议并制定相关的政策。对韩国生命伦理学咨询委员会而言，当时的首要任务是起草生命伦理学法案。生命伦理学咨询委员会由20名成员组成：包括10名科学家（生物技术领域和医学领域科学家）和10名非科学家（哲学、社会科学领域人士，非政府组织成员和宗教界人士）。生命伦理学咨询委员会在7个月的时间里召开了13次会议，完成了制定生命伦理学基本法的框架工作。生命伦理学咨询委员会对韩国科技部提出的建议是：（1）禁止生殖性和治疗性克隆；（2）允许利用在体外受精中产生并剩余的冰冻胚胎进行暂时性的干细胞研究。第2点建议是在科学家和非科学家双方戏剧化的相互妥协之后的意外结果。但无论是保守派人士还是改革派人士均对这样的妥协不满意。虽然韩国科技部从一开始即承诺生命伦理学咨询委员会提出的建议将会得到尊重，但明显不欣赏生命伦理学咨询委员会给出的有关建议。最后的结果是科技部没有将建议递呈国民议会审阅。生命伦理学咨询委员会仅仅存在了一年就宣告解散。

之后，韩国卫生与福利部接替科技部掌管生命伦理学相关事务。与科技部不同的是，卫生与福利部对干细胞研究的态度与生命伦理学咨询委员会所提出的相关建议很接近。在与国民议会的一名议员金洪信的合作中，卫生与福利部向国民议会递呈了一项名为"生命伦理与生物安全法"的法案。之后，另一名国民议会议员，即科技部原部长李祥义向国民议会递呈了另一项名为"禁止人类克隆和干细胞研究法"的法案，这项法案强烈支持胚胎干细胞研究。

政府方面对两项法案的讨论工作一直拖延了约3年的时间。直到2003年年底，修正后的法案才通过国民议会的审查。结局是，最终通过审查的《生命伦理安全法》与李祥义当时递呈的法案非常相像，这也意味着以发展为导向的韩国科技部的胜利。法案出台后，引起了韩国国内一些组织的激烈反应。事实上，《生命伦理安全法》中一些重要的条款都是含有双重标准的。比如法案中规定，如果得到干细胞研究委员会的同意，就允许进行人类胚胎克隆；更为严重的一点是，此法案能被理解为允许进行人类和动物之间基因杂交研究。在推迟了一年多之后，2005年，《生命伦理安全法》正式生效。此法案也被一些人认为是特别制定来保护黄禹锡的。①

2. 学界关注的焦点

在"卵子风波"中，虽然相关的伦理问题已经被揭示出来，但是，韩国科学界仍然对黄禹锡采取了保护措施，不仅为他辩解，而且一应的荣誉、支持并没有中断，所谓的《赫尔辛基宣言》也不过是被一笔带过。当造假问题出现时，否定的声音才全面袭来。

但是在这个过程中，学界的另一个质疑声音也一直存在。卵子来源问题是由首尔大学教授Lee Pil-Ryu提出来的。卵子的采集方式问题是由《自然》期刊在东京的通讯员戴维·希拉诺斯基（David Cyranoski）提出来的。而韩国生命伦理学咨询委员会的伦理质疑在较早时候就已经有了。在事件中，韩国生

---

① 宋尚勇. 干细胞研究的伦理学——韩国黄禹锡丑闻的教训. 滕月，译. 中国医学伦理学，2007(2): 11-13.

命伦理学协会还曾正式通过了一项决议，要求黄禹锡就伦理审查委员会对其研究提出的伦理问题，即卵子的来源和采集方式等问题进行公开讨论。但是从整个事件的发展来看，这些声音无疑受到了忽视、压制，伦理质疑一直处于较弱势的地位。同样，从《生命伦理安全法》的制定过程来看，伦理学家的观点也并没有占据上风。可以假设，如果学界在法案出台的过程中能够更多地考虑伦理问题，而不是和政府站在一起大刀阔斧地一味推进研究，并在"卵子风波"一开始的时候就能够认识到问题的严重性，那么事件可能不会是最后这样一个局面。

3. 政府关注的焦点

从各国对胚胎及胚胎干细胞研究的政策和管理等级分类来看，韩国被认为是政策类型最为宽松的国家之一。韩国在发展生物技术方面秉持"发展第一"的政策。以黄禹锡所开展的研究为代表的一系列研究，是韩国政府未来科技和产业发展的一个重要部署和希望。[1] 韩国政府相信，如果给予足够的资助，韩国将在这一领域处于全球领先位置。[2] 这种政策导向使得政府有意忽视新兴科技与伦理观念冲突所形成的伦理问题，也使得政府有意阻隔外界的质疑和批评声音。

---

[1] SIPP D. Stem Cell Research in Asia: A Critical View. *Journal of Cellular Biochemistry*, 2009, 107(5): 853-856.

[2] PARK S B. South Korea Steps up Stem-cell Work. *Nature*, 2012, 10: 1038.

韩国政府对已经取得相当大成就的黄禹锡存在维护心理。这种心理在"卵子风波"之后的一系列经费和荣誉支持中,得到了突出表现。但是这种维护建立在研究真实性基础上,所以造假问题很轻易地就击溃了它。

4. 媒体的关注焦点

从媒体角度来看,当"卵子风波"兴起的时候,韩国媒体一边倒地支持黄禹锡,而当造假问题曝光时,媒体才转而谴责他。可以看出,韩国社会并没有将事件中的伦理问题置于至高地位。甚至在"黄禹锡神话"破灭之后,对于专门讨论更广阔背景下与"黄禹锡事件"相关的各类问题的会议,以及加强科学家伦理学教育的社会运动,韩国媒体也仍然丝毫不感兴趣。[1]媒体在面对事件中的干细胞研究伦理问题时,更加愿意将黄禹锡塑造为"东西方伦理道德差异的牺牲品"。

5. 公众的关注焦点

"造假"曝光前,黄禹锡让韩国社会从上到下处于高度亢奋之中。媒体着力宣传黄禹锡的研究结果是未来生物医学的发展方向,鼓吹黄禹锡将领导韩国站在世界克隆治疗的前沿,并攻克糖尿病、帕金森病等困扰人类的疑难病症。黄禹锡已经成

---

[1] 宋尚勇. 干细胞研究的伦理学——韩国黄禹锡丑闻的教训. 滕月,译. 中国医学伦理学,2007(2): 11-13.

为疑难病症患者的"救世主",以及韩国国家形象和韩国未来希望的象征。公众对于研究真实性的关注远远超过了对其中所涉伦理问题的关注。当伦理问题被曝光时,韩国公众不但没有声讨反而声援。数百名韩国妇女签名自愿为其研究捐赠卵子,她们认为捐献有助于推进研究、促进医学发展从而帮助病患。[1]直播新闻发布会实况的电视台受到暴力威胁,抗议者指责电视台没有爱国之心,部分广告商撤销了与该电视台的合约。

虽然跟韩国学界比起来,公众似乎并不怎么关注伦理问题,但是获得公众支持的基础是研究的真实性。当造假之声传来时,公众就再也无法接受了。社会的极大关注,直接推进了事件的快速发展。在这一事件中,是造假而非伦理问题击中了大众的"要害"。

三、干细胞研究伦理的社会治理

为什么社会更加关注造假问题而不是伦理问题?从我国的媒体和公众的关注焦点来看,也是如此。在"黄禹锡事件"中,中国国内大众媒体对黄禹锡造假的报道和评论铺天盖地,而对伦理问题却很少关注;甚至对于韩国法院做出的判决中并无对黄禹锡的造假指控这一事实,媒体与公众显然也无意关

---

[1] TSUGE A, HONG H. Reconsidering Ethical Issues About "Voluntary Egg Donors" in Hwang's Case in Global Context. *New Genetics and Society*, 2011, 30(3): 241-252.

注，仍一味地抓住造假问题。

媒体的反应折射出了社会的态度。当媒体报道"黄禹锡事件"这样一类带有很强情景性的科学事件时，它们的重点并不在于解释和传播知识，而在于按照社会兴趣点以及一定的规则和逻辑传播"事实"。在这个时候，适用于其他故事性主题报道的原则常常同样适用于科学报道，"卖点"成为报道的核心元素。基于文化差异，"伦理"很难成为东方社会的关注点，而学术造假则很容易被大肆渲染成为学术界的丑闻，引起社会的广泛关注和讨论，这是媒体所期望的结果。"媒体大肆渲染人间悲剧和失败，从而使个别案例戏剧化，这构成了公众对于科学不端行为认知的基础。"[1]

具体到干细胞研究的伦理问题上，社会情境中的科技伦理问题并不是简单的伦理争论、科技与传统文化的冲突。当科技伦理问题被实际放置在具体的社会情境中时，会有各种利益、因素牵绊着它。在"黄禹锡事件"中，我们可以看到，政府基于发展战略，选择性地忽视干细胞研究伦理问题；而公众也没有一般所认为的那样关注这一问题；伦理学家是最为关注干细胞研究伦理问题的群体，也是在尽最大努力试图使伦理问题得

---

[1] FRANZEN M, RÖDDER S, WEINGART P. 学术造假：科学界和媒体对其成因的阐释欠妥——行为失当主要是体制缺陷所致，并非仅为个人动机. 顾鸿雁，李清，刘永胜，等译. 科普研究，2009(1): 58-62.

到规制化的群体。

　　社会在面对诸如干细胞研究这样的前沿科学领域时，似乎自然而然地形成了自己的一种"控制"（the social control of science），体现为科研伦理的社会治理，这种"控制"是多方面的：监管、伦理要求和制度保障措施，等等。这种"控制"常常被认为可能妨碍科学研究的快速自由发展，但是从"黄禹锡事件"来看，科学研究"畅通无阻"可能有潜在的巨大危险。[1] 从伦理的视角来看，其中存在着两个尺度：一是伦理观念尺度，二是事实价值选择尺度。干细胞研究与社会伦理观念的冲突体现了前一种尺度，这一尺度是影响干细胞研究发展的一个因素。而在具体的社会情境中，当社会出于对干细胞研究成果的现实需求而产生价值选择时，则体现了后一种尺度，这也是干扰伦理判断、影响干细胞研究发展的一个重要因素。

　　虽然二者均对干细胞研究的发展发挥制衡的作用，维护人类集体和个体的利益，但是两个尺度的实际作用却存在差别。无论是集体还是个人，当需要做出决定时，都会基于具体的社会情境和自身的实际需求，而做出某种具有倾向性的选择。从集体视角看，人类虽然也使用事实价值选择的尺度，追求利益最大化，但是为了人类社会更好地持续发展、维护整体利益，

---

[1] KAKUK P. The Legacy of the Hwang Case: Research Misconduct in Biosciences. *Science and Engineering Ethics*, 2009, 15(4): 545.

无法抛弃伦理观念的尺度。而从个体视角来看，面对自身需求和可能的未来需求，价值尺度往往更加具有诱惑力。干细胞研究是在伦理观念尺度和事实价值选择尺度的共同作用和互相"牵扯"之下发展的。"黄禹锡事件"中社会态度的转变和事态的演变，很好地阐释了这个问题。而我们在谈新兴科技伦理问题时，常常将问题简单化，忽视了后一种尺度或者两种尺度之间的相互作用。

第三章

生命科学领域前沿伦理问题及应对

　　转基因技术、神经科学数据、ICT植入物、基因编辑技术的应用,有助于促进科学发展,但也带来一系列挑战。这些挑战具有深刻的意义,在不同学科、制度、国家之间存在差异,而且随着时间的推移,技术和伦理框架等也会发生变化。我们在考虑相关的伦理、法律和社会责任问题以外,还需要考虑其伦理治理,以促进负责任研究和创新的实现。

第一节 转基因风险及应对

关于转基因的问题有很多,社会通常比较关注转基因的研发、食品安全等问题,但是转基因风险管理模式的问题同样非常重要。

一、风险和风险管理

风险和风险管理是讨论转基因的风险模式的基础。风险经常与危险、灾难等关联在一起,但它本身并不是危险或灾难,而是危险或灾难发生的可能性;并不是它正在发生,而是人类担心它可能发生。风险会带来人们所不愿意接受的很多后果:一种是自然性后果,如对健康、环境的影响;还有一种是社会性后果,如对经济、国家安全,以及社会心理、文化、秩序的影响。根据风险的影响,风险又可以分为多种类型,包括健康风险、环境风险等。

现代风险相对于传统风险有一些新的特点。首先是不确定性，比如转基因风险，并不是现在就可以被证明的，人们主要是对它存在担忧。其次是不可感知性。再次，相对于传统风险可能限定于特定的区域或者个人、群体，现代风险更具有整体性，比如生物技术对不同地区、不同种族、不同社会地位的人有同样的作用，具有平等性。此外，现代风险还具有主观性和建构性。由于很多现代风险源自科学技术，所以有人提出现代风险是人类自己创造出来的，"风险不仅仅在技术应用的过程中被生产出来，而且在赋予意义的过程中被生产出来，还会因对潜在危害、危险和威胁的技术敏感而被生产出来"①。这一看法在学界被认为是一种风险的建构论。"风险陈述既非纯粹的事实主张，亦非完全的价值主张"，风险既是"实在的"（realistic），又是由社会感知和结构"建构起来的"（constructive）②。由于风险与科技、国家安全联系在一起，单纯的技术风险会进一步延伸出经济风险、安全风险，等等，而所有这些还会进一步影响人们的观念、心理等，从而影响社会观点、社会秩序等。

正因为科技风险有这么大的影响，因此需要管理者介入，

---

① 亚当，房龙.导论：重新定位风险：对社会理论的挑战//亚当，贝克，房龙.风险社会及其超越：社会理论的关键议题.赵延东，马缨，等译.北京：北京出版社，2005.
② 贝克.再谈风险社会：理论、政治与研究计划//亚当，贝克，房龙.风险社会及其超越：社会理论的关键议题.赵延东，马缨，等译.北京：北京出版社，2005.

也正因为风险的问题如此庞大、复杂，因此管理也必须是多方位、立体式的。从风险的承担者来看，国家、社会都是风险的承担者；从风险的管理者来看，政府部门无疑是风险的管理者之一，研究机构和应用机构也是风险的管理者；从风险的管理对象来看，现在对风险的管理并不仅仅局限于技术本身，还包括技术的发明者和使用者；从风险的管理环节来看，不仅仅是技术的研发过程，生产、销售、转移等环节都需要管理；从风险的管理手段来看，不仅仅是"硬"的法律手段，还包括"软"的手段，比如宣传、指导等。因此风险的管理是多视角的，我们既可以看科学共同体对风险的管理，也可以看政府的管理，还可以看社会对风险的治理。

二、转基因风险管理

通常所讲的"转基因"包含三种性质不同的东西：技术、生物、生物制品。转基因的技术本应争议不大，争议大的应该是转基因生物和转基因生物制品，应该关注的是"转的是什么基因""转基因生物制品的用途"，但是我们看到，近年来关于转基因的争议把这三种东西混在一起了，这显然不对。现在关于转基因风险的争论主要集中在对食品安全、生态安全的担忧，此外，当然还有一些宗教问题，比如对人扮演"造物主"的抨击。

对转基因风险的担忧最初并不像现在这么大。担忧最初主要局限于较小范围内：主要是一些宗教组织和宗教人士、自然主义者以及环保人士。一些宗教组织和宗教人士认为转基因是人类干了本应由神干的事。自然主义者认为转基因打破了自然界原有的平衡与和谐。环保人士则认为转基因会引起环境污染及灾难。但是，20世纪90年代，经济形势发生变化，对转基因的质疑也发生了很大的变化。大型生物技术跨国公司的崛起对小的零售商，尤其是欧洲的零售商产生了很大的冲击，引起了人们的很大不满。由于政府以及科学家的草率，发生于20世纪八九十年代的疯牛病事件[1]使得社会公众对政府及科学家的信任度大大降低，这个时候发生的普兹泰（Pusztai）事件[2]在社会上掀起了轩然大波，引起人们对转基因极大的不信任。欧洲社会上貌似结成了一个反对转基因的"联盟"。转基因风险以及转基因风险管理问题，已经不再是一个单纯的技术问题。它还在很大程度上，演变成了经济利益问题、政治问题、社会问题和信仰问题。转基因风险管理是一个综合性的问题，仅仅等待科学技术的完善来解决人们的疑虑，这样的想法已经显得过于简单。

---

[1] 疯牛病自1985年在英国首次发现以来，由于政府应对的各种失策，该病蔓延到欧洲大陆、美洲和亚洲等地。政府的科学决策形象严重受损。
[2] 普兹泰是英国苏格兰Rowett研究所的研究人员，他在电视台发表了质疑转基因食品安全性的讲话，随后该问题引起了广泛关注。

三、转基因风险管理模式

现在国际上对转基因风险的管理模式有三种类型：一种是美国模式，其管理基于最终的产品，并不单独立法，采取多部门协作方式；一种是欧盟模式，其管理基于生产的整个过程，并且单独立法；一种是中间模式，兼顾产品和过程，其中有些国家单独立法，有些国家并不单独立法，有些国家实施集中管理，有些国家实施分散管理。具体可见表3.1。

表 3.1 转基因风险管理模式

模式	管理基础	立法	管理方式	国家
美国模式	产品	不单独立法	多部门分工协作管理	美国、加拿大等
欧盟模式	生产过程	单独立法	统一管理	欧盟国家
中间模式	产品/过程	单独立法	集中统一管理	澳大利亚、肯尼亚、菲律宾等
中间模式	产品/过程	单独立法	多部门分散管理	日本、韩国、巴西、印度等
中间模式	产品/过程	不单独立法	分散监管，协调运作	阿根廷等

1. 美国模式

1986年，美国白宫科技政策办公室（OSTP）颁布的《生物技术管理协调框架》，确定了转基因生物安全管理的基本原则和管理体系。这一框架主张，农业生物技术产品与按传统方法生产的农产品在本质上并无不同；政府监管的对象应该是产品而不是生产过程；政府应该重点监管最终产品，并遵循个案审查的原则；现有的法律法规已经足以监管生物技术产品，国家无需再为此专门立法。由此，美国利用既有的农药、食品和饲料的管制体系，形成了以产品为基础的治理模式。

美国涉及转基因食品管理的有三个部门：农业部、环保局、食品药品监督管理局。转基因生物安全管理也同样涉及这三个部门，农业部负责转基因生物的农业安全和环境安全，环保局负责用作农药的转基因生物的安全应用，食品药品监督管理局负责转基因生物的食品和饲料安全。转基因风险管理的组织体系主要依据两个阶段进行划分：一个是研发阶段，另外一个是应用阶段，由不同的管理部门依据法律法规实施操作。美国目前的转基因生物安全法律法规体系，是在既有的法律框架下对转基因技术、产品以及有关的食品实行条款监管，一个转基因作物根据其所插入的基因的性质以及最终的产物，要接受不同执法部门的监管。美国的转基因生物风险分析除了风险评价和风险管理以外，还包括风险交流。具体可见表3.2。

表 3.2 美国转基因生物风险分析体系

内容	管理部门	职责
风险评价	农业部	针对不同风险类别进行安全评价
	环保局	按照农药的标准评价转基因生物是否具有不合理的风险
	食品药品监督管理局	评价外源非杀虫蛋白质和转基因植物的食用安全
风险管理	农业部	转基因生物的安全监管
	环保局	按照农药的标准对植物内置式农药进行安全监管
	食品药品监督管理局	对转基因食品实行自愿咨询和非强制性标识制度
风险交流	联邦政府	组织公众评议、公众会议、专家会议，发布信息
	公共研究机构	对公众关注的议题进行科学研究，按照联邦政府的要求开展研究，开展公益性研究，成立专门机构培训科学家应对媒体和公众

2. 欧盟模式

欧盟的转基因安全管理组织体系分为两个层面：一是欧盟层面，主要由欧洲食品安全局和欧盟委员会负责推出新的生物技术的安全性标准，决定产品能否进入欧盟市场；另外一个是欧盟的各成员国层面，主要由各国的卫生部和国家食品安全相关机构负责。

欧盟施行复杂而严格的、基于生产过程的转基因风险管理模式。欧盟成员国普遍将转基因作物视作新的生物品种，并专门针对这一技术领域制定了新的管理条例和安全评价标准。在具体的管理实践上，则采用逐项审批的做法，不仅针对转基因产品，而且面向转基因技术研发生产的全过程。因此欧盟完成转基因产品的批准程序所需的时间是美国的 2~3 倍。

目前，欧盟转基因技术领域的生物安全框架，主要由涉及五个方面的文件组成：（1）封闭使用指令（90/219/EEC、98/81/EEC）；（2）有意释放指令（90/220/EEC、2001/18/EC）；（3）转基因食品和饲料的安全管理法规（1829/2003、1830/2003）；（4）可追踪性法（1830/2003）；（5）越境转移法规（1946/2003）。

3. 中间模式

日本是转基因风险管理中间模式比较典型的代表。日本对转基因风险管理实行单独立法，其转基因生物安全法律法规体系主要包括两个层面，一个是法律，另外一个是依据这些法律所制定的管理条例。在组织管理体系上，实行多部门合作，主要以食品安全委员会和厚生劳动省①等部门的监管为主，地方政府的监管为辅。

我国的转基因风险管理模式也属于中间模式。我国对转基因风险管理实行单独立法。从法律法规体系可以看到，我国已经构筑了一个包含国际行政法规、部门规章、技术规程的多层

---

① 厚生劳动省是日本负责医疗卫生和社会保障的主要部门。

次的转基因安全管理法律法规框架体系。在管理上,实行多部门联合管理的形式。

4. 小结

美国模式、欧盟模式以及中间模式这三类不同的管理模式存在着很大的不同。首先是在管理理念上存在差异,美国坚持的是实质等同的原则,就是说,如果一种生物工程的食物成分与相应的传统食物成分基本相同,就可以认为它有相同的安全性。在管理上,它实行的是可靠科学原则,就是说,只有可靠的科学证据证明存在风险并可能导致危害,政府才会采取相应的管制措施。欧盟则倾向于采取风险预防原则,即承认科学认识有局限性,科学地评估转基因产品所需的完整数据要等到许多年后才能获得。无论研究方法多么严格,结论总会具有某些不确定性,而政府不能等到最坏的结果发生后才采取行动。但到目前为止,关于这些原则是否应成为普遍原则,仍然存在争论。

不同的管理模式,其差别的最直接的体现,一个是在上市审批制度上,另外一个是在标识制度上。美国实行的是上市自愿咨询制度,制造商需要确认的是食品的安全性,也就是转基因的食品与现有的食品在成分、结构和功能上有类似性就可以。欧盟相对来说复杂很多。

在标识制度上，美国实行非强制性的标识制度，欧盟实行强制性的标识制度，从"摇篮"到"坟墓"，一直追溯到餐桌的可追踪制度。虽然风险的最终承受者仍然是社会全体，但是不同的管理模式下，风险责任的承担者确实是不一样的。美国的这种模式，转基因带来的风险责任由政府承担了，政府通过管理来降低风险，不需要普通消费者去识别和选择。它的标识制度便是一个明显的体现，这是由政府承担风险责任的方式，也为转基因技术的发展提供了宽松的发展空间。欧盟模式和中间模式则是由政府和社会共同分担风险责任。

四、管理模式与风险应对

面对本质上是一致的风险，不同的社会却有不同的看法。那不同的风险管理模式是如何形成的？这背后的因素非常多，而且非常复杂，文化、法理、制度、体制等都不是唯一的影响因素，但是管理模式的制定者是一个实体，我们可以把不同因素都细分到个人、机构和群体，尝试进行分析。

自上而下来看，我们可以看到，管理模式的制定者以及政策的结构对管理模式具有决定性影响。欧盟与它的政治次单元（各成员国）之间是相对独立的，有人把欧盟的管理模式总结为一种棘齿效应①。但是美国不一样,美国的政治次单元是各州,美国对转基因的风险管理主要由联邦政府负责,所以最终形成集中化且较为宽松的管理方式。

自下而上来看,我们可以看到,从本土文化传统和自身利益出发的不同社会群体,对管理模式的形成产生了重要的影响。实际上,我们可以看到,欧洲和美国对待食品有不同的态度,美国可能更倾向于把食品仅仅当作食品,没有附加给它那么多的含义。还可以看到,打着环保主义旗号的某些公司发出诸如转基因食品和作物生产使用的是所谓的危险技术的言论,这些言论对欧洲公众比对美国公众更有影响力。②而欧洲农场、种子以及种子的仓储、粮食加工等利益集团,它们表现出来的是对美国经营管理高度集中的跨国技术公司的对抗,这是它们从贸易保护主义获益及保护本土经济的体现。

此外,疯牛病事件以及随后的一系列食品安全事件可能增强了欧洲公众对转基因食品的质疑,这种看法现在也是被普遍接受的。这些事件本身带有很强的负面性,另外一个负面效应就是事件中相关方面的信任关系发生了改变。疯牛病事件大家比较熟悉,图3.1显示了政府、政府部门里的科学工作者、独

---

① 伯纳尔. 基因、贸易和管制:食品生物技术冲突的根源. 王大明,刘彬,译. 北京:科学出版社,2011: 135.
② TOKE D. *The Politics of GM Food: A Comparative Study of the UK, USA and EU*. New York: Routledge, 2004.

立科学家以及生产商、农场主等在事件当中的表态和做法。最终，政府和政府部门里的科学工作者在事件当中的轻率，使得二者在食品安全上的公信力和话语权大打折扣。

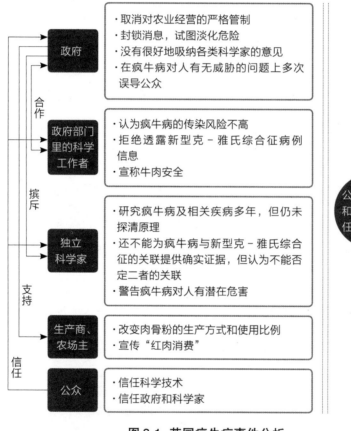

图 3.1 英国疯牛病事件分析

公众对政府和技术的信任危机也可以从事后一系列社会公众调查当中看出来，如表 3.3 和表 3.4 所示，公众对政府和政府部门里的科学工作者的信任程度大打折扣了。1996 年，受英国科学与技术办公室（OST）和纳菲尔德基金会（Nuffield Foundation）委任，杜兰特（Durant）和鲍尔（Bauer）进行了有关疯牛病问题的调查，即调查公众对不同人所发表的疯牛病声明的信任程度。

表3.3 信任程度
如果他们就疯牛病发表声明[1]

信息来源	你最信任谁?（%）	你其次信任谁?（%）	你最不信任谁?（%）
政府部门里的科学工作者	4.6	11.3	26.4
消费者组织里的科学工作者	18.0	35.4	1.5
大学里的科学工作者	42.0	23.0	0.5
肉类加工企业里的科学工作者	26.7	8.8	13.5
为报纸撰文的科学工作者	0.9	10.1	2.4
为报纸撰文的记者	0.4	1.1	52.0
（以上都不是）	4.5	2.0	1.0
（不知道）	2.3	3.0	2.1
（拒绝回答/无效回答）	0.6	5.2	0.6

---

[1] 上议院科学技术特别委员会.科学与社会：英国上议院科学技术特别委员会1999—2000年度第三报告.张卜天，张东林，译.北京：北京理工大学出版社，2004：148.

1999年1月，MORI调查公司代表英国内阁办公室（Cabinet Office）加强规范特别工作组（Better Regulation Task Force）通过全民评议组（People's Panel）调查公众对风险的态度。其中一个问题是要求公众选出他们认为的最有可能告知疯牛病危害的两到三个来源，调查结果如表3.4所示。

表 3.4 疯牛病信息 [1]

信息来源	选择比例（%）
独立科学家（例如大学教授）	57
农场主	22
全国农场主联盟	21
农业、渔业和食品部门的公务员	18
政府部门里的科学工作者	17
电视	16
报纸	12
食品制造商	11
朋友或家庭	9
超市	6
政府官员	4
政治家（一般而言）	2
其他	1
以上都不是	4
不知道	3

[1] 上议院科学技术特别委员会. 科学与社会：英国上议院科学技术特别委员会1999—2000年度第三报告. 张卜天，张东林，译. 北京：北京理工大学出版社，2004: 152.

疯牛病事件以后,信任危机的影响在欧洲表现得非常明显,公众对政府和政府部门里的科学工作者原本的信任态度发生了改变,加之后来发生的一系列公众健康安全事件,转基因技术和产品一出来便引起了广泛的关注,尤其是其风险被揭示出来以后,立刻在社会上引起了轩然大波,人们对转基因提出了强烈的质疑,这也影响到公众对转基因技术的接受。社会对转基因技术及其监管失望,这种失望对欧洲的影响表现在,转基因风险管理模式不得不采用现在这样一种严格的、以过程为基础、由政府设立高门槛并由政府和社会共同承担风险责任的方式。美国和欧洲的不同风险管理模式源于其原本不同的管理结构,暂时是难以调和的。

第二节 神经科学数据应用引发的隐私问题[①]

神经科学已成为国际上最热门的前沿科学研究领域之一。一些大型神经科学计划,如美国脑计划(US BRAIN Initiative)、日本大脑研究计划(Brain/MINDS)以及欧洲人类大脑计划(Human Brain Project)都在利用不断发展的技术,解决一系列与大脑相关的医学定义问题,如怎样才是患有疾病的大脑,以及意识的本质等根本性问题。神经科学的伦理问题也已受到学界关注,我国对神经科学伦理问题的关注和讨论常聚焦于特定神经技术与药物,依据伦理学的原则或理论开展相应的分析,比如刘星探讨了脑成像技术应遵循的伦理原则,关注人性尊严的核心地位[②];王国豫、孙慧认为药物神经增强的伦理问题

[①] 本节主要内容原载于《中国医学伦理学》,详见:林玲,张新庆,黄小茹. 神经科学数据应用引发的隐私问题探讨. 中国医学伦理学, 2020(3): 294-298, 303.
[②] 刘星. 脑成像技术的伦理问题研究. 长沙:中南大学, 2013.

在于其在安全有效性、社会伦理等方面具有不确定性[①]。除此之外，神经科学研究计划的实施还会产生巨量数据，关于神经科学数据应用引发的隐私问题，目前只有少量的探讨，主要集中于"大数据"背景下对海量数据进行分析及预测人的行为和思维方式所造成的个人信息泄露、数据身份盗用[②]、数据垄断等问题。神经科学数据的相关隐私问题还不仅限于此。隐私保护一直是生命伦理学尊重原则中的重要方面，并且神经科学数据在内容上有其特殊性，可能涉及"什么是人""人的社会责任是什么"的问题。由于国际神经科学研究和应用合作的加强及神经信息学的蓬勃发展，神经科学数据量呈现爆发式增长，在可以预见的未来还会更加可观，隐私问题将越来越突出，由此，本节试从"思想隐私"的视角对神经科学数据应用过程中的伦理问题及治理做进一步的讨论。

一、神经科学数据伦理问题：数据产生及其局限

神经科学应用生命科学、物理科学和信息科学的综合途径，从分子、细胞到计算网络、心理多个层面，对神经系统的

[①] 王国豫，孙慧. 药物神经增强的不确定性及其伦理问题. 医学与哲学（A），2013, 34(12): 18–21.

[②] LATACK A. Identity Crisis: To Make Its Players Safe the NFL Is Tackling Schemers and Scammers. [2008-05-01].http://www.Iegalaffairs.org/issues/January-February-2005/scene_latackJanfeb05.msp.

形成、正常功能和异常病变进行研究。神经科学研究对改善现代社会人的健康、推进传统药物工业和新型生物工程企业发展都是有意义的。① 随着神经科学领域的不断发展，类脑器官培养、动物模型基础上的脑移植技术、神经细胞移植技术、成像技术、神经刺激技术、脑机接口技术等神经技术也不断开发和应用，极大推进了人类的"自我认知"和"自我改善"。与此同时，神经科学相关研究与信息科学交叉融合，产生了大量数据。这些数据包括描述性数据、计数数据、经过分析处理后的大脑功能相关数据、功能性磁共振产生的原始图像数据等②，涉及基因的表达、神经元及宏观大脑结构的构建、神经及精神疾病的解释。

1. 神经科学数据在实践上的局限

神经元群体的协同放电是神经系统中普遍存在的一种现象，尽管目前学界对其具体的生理作用和存在意义仍然存在争议，但多项研究结果提示，协同放电有效参与了神经信息编码和生物体的行为活动，具有重要的生理意义。

神经科学产生的数据并不能完全准确地反映研究对象的神经活动。例如，功能性磁共振成像（functional Magnetic

---

① 饶毅，鲁白，梅林. 神经科学：脑研究的综合学科. 生理科学进展，1998(4): 3-5.
② 杨炳忻. 香山科学会议第367—371次学术讨论会简述. 中国基础科学，2010(4): 29-34.

Resonance Imaging，fMRI）技术具有较高的时间和空间分辨率，并且在研究对象不暴露于电离环境的情况下，可获得整个大脑的数据。但神经活动由一系列动作构成，fMRI将其同质化后就无法显示是由何种递质释放，信号来自哪个部位。其次，神经元变化速率不一，而使用fMRI技术对其进行测量将可能产生误差，例如0.5s的变化相当于不变化，这是因为刚好和测量的频率相同，过快的变化不能测量就导致不同状态下，测得的速率却相同。再者，个体的解剖差异，社会环境、医疗因素的不同，都会影响神经元的测量结果。最后，研究对象合作程度不同也会形成不同的结果。这些问题会影响到我们对数据的解读，但是可以通过技术进步等方式来克服这些实践上的障碍，例如提升fMRI技术的时空分辨率，研究前考虑到个体解剖差异，提高研究对象的依从性等[①]。

2. 神经科学数据在理论解释上的局限

用以了解大脑与行为之间关系的神经科学数据主要采用两种推理方法来进行分析：正向推理（forward inference）和逆向推理（reverse inference）。正向推理即使用某种研究方法激活大脑某一区域，并且保持大脑其他区域不变，其对照组是大脑其他

---

① OHNSTON J, PARENS E, AGUIRRE G K, et al. *Interpreting Neuroimages: An Introduction to the Technology and Its Limits*. New York: The Hastings Center, 2014.

区域改变而特定区域不变。例如，被试看到一张人脸所激活的大脑区域，是否与看到植物所激活的大脑区域一样。这是一种认知的"减法"，目的是减少那些不符合研究目的的精神状态，但缺陷在于难以做到某一区域激活而其他区域不变，且不同区域不发生相互作用。逆向推理即利用特定精神状态的神经相关知识，来了解一些无法完全解释的行为。假设大脑某一特定区域的神经活动是特定精神状态存在的标志。例如，梭状回中某一特定位置的神经活动达到一定程度，就可以假定研究对象处于看到人脸的行为状态。[1]神经科学运用逆向推理的方式研究了心理、社会和经济领域的许多问题。在这些领域中，大脑特定位置的活动被视为特定情绪或认知状态的证据。但逆向推理的缺陷在于将某种神经活动对应某种心理过程/行为，这种一对一关系实际上是基本不存在的，因为同一大脑区域往往与多种心理过程有关。

二、神经科学数据的隐私问题

虽然目前神经科学研究产生的数据有实践和理论上的缺陷，但在不远的将来，这些数据经过收集、转码、输出，可能

---

[1] OLSSON A, NEARING K I, PHELPS E A. Learning Fears by Observing Others: The Neural Systems of Social Fear Transmission. *Social Cognitive and Affective Neuroscience*, 2007, 2(1): 3-11.

转化为事关个体利益的重要信息。当下，这些数据很多还不与个体健康直接相关，例如说谎、协作、道德推理相关的临床研究旨在探究人的特定思维内容。但随着技术的发展和分析能力的不断提高，在不久的将来，"我知道你在想什么"或"大家知道你在想什么"等或许就不再是经验猜测，而是建立在神经科学数据信息基础上的"科学推断"。一旦这些信息与个体相关，就涉及"意外发现如何告知""这些数据信息是否属于隐私（privacy）"等问题。这里我们需要引入"思想隐私"的概念。

1. "思想隐私"的特点

"隐私"狭义上是指自我信息的保护，广义上是指一种我们决定何时、通过何种方式、多大程度上与他人交往的能力，一种未公开的个人信息不被他人知晓或使用的状态，体现了对个性与自由个体的道德价值的珍视。"隐私"并不等于道德或法律上的隐私权[①]。隐私是一个人不容许他人随意侵入的领域。从这个定义来看，"想什么"（如说谎、厌恶）的思维信息如果不想让他人知晓，就属于隐私的范畴。

神经科学数据所引发的隐私问题，我们称之为"思想隐

[①] Privacy.Stanford Encyclopedia of Philosophy. [2013-08-09].http://plato.stanford.edu/entries/privacy.

私"，它有两个方面的主要特点。

其一，思想隐私突出思维、情感的私密性，与身体隐私、日常生活和空间隐私在内容和表现形式上差异巨大。传统医学情境下的身体隐私、日常生活和空间隐私，指的是个体的身体部位不暴露给他人，与非亲密的人保持一定的物理距离。例如接受外科手术治疗时覆盖衣物或床单来尽可能减少裸露，患病时有独处的时间与空间，等等。思想隐私指的是思维、情感等精神层面的"个体部位"不暴露给他人，与非亲密的人保持一定的"心理距离"。个体之所以需要一定的"心理距离"，是因为这种距离被无端拉近后，个体会感到羞耻，这种羞耻感并非源于信息的性质，而是源于隐私泄露这件事本身。

其二，相对于传统医学情境下的信息化隐私，思想隐私的范围更广，更接近隐私的本质。在通常情况下，信息化隐私包括地理信息、联系方式、生理常数信息、疾病诊断信息等，反映个体的社会状况、生理状况。人群、社会往往对于疾病存在一些错误理解，就有可能导致歧视乃至污名化，例如企业可能会使用这些信息来确定就职人员人选，挑选更为健康的应聘者[1]。信息化隐私需要借助信息反映个体的外在特征及道德价

---

[1] National Human Genome Research Institute. The Genetic Information Nondiscrimination Act of 2008. [2019-07-29]. https://www.genome.gov/about-genomics/policy-issues/Genetic-Discrimination.

值，而思想隐私不一定要以信息作为载体，思想活动本身就富含价值，反映不想被除自己以外的人、即使是最亲近的人"窥探"的个体身份（identity）、人格（personhood）以及个体最内在的观念或想法。有研究表明，暴力行为有神经学基础，研究者可以通过fMRI数据发现与暴力行为相关的大脑区域，但是从当事人的角度，没人希望这类信息被他人知晓。美国国立卫生研究院PsychENCODE项目研究发现，大多数人类复杂疾病具有类似的遗传体系，这些普遍的变异在基因组的调控区富集，而环境驱动的DNA修饰影响基因活性却不改变遗传密码。PsychENCODE项目的RNAseq数据，目前已被用于分析孤独症、精神分裂症或躁郁症患者大脑中的RNA水平。显然，这些数据涉及的"思想隐私"问题是一个需要被关注的伦理问题。

2. "思想隐私"的获取及"思想隐私"泄露的后果

阅读他人的思想，就意味着进入了人们通常所说的"内心深处"，这本来是彼此熟悉的人在多年的亲密接触后才能达到的理想境界。但神经科学数据信息却有可能让"外人"或"陌生人"在短时间内获取思维信息，快速阅读人脑的思想内容。例如，fMRI技术可以让人很快得知一个人认知功能是否混乱，是否存在情感障碍，是否存在个体偏见或偏好。

神经科学研究产生了海量的数据，构建神经科学数据库是绝大多数神经科学家的选择，因为共享数据会带来一系列的收益，包括：利于检验研究结果的可重复性，促进数据的多领域共享，便于新研究者练习等。但是在数据库信息的采集、储存、分享和利用过程中，可能会发生个体遗传、疾病、行为信息的泄露。这些数据承载的可识别的个体思想隐私有可能便捷地在人群中传播，而不论当事人是否愿意。

思想隐私与日常生活或医疗实践中所说的隐私的一个显著区别在于：它是人脑思维活动的直接信息，揭示一个人的内在价值。思想隐私的泄露，可为他人控制自己的行为打开便捷之门，也会带来污名化或其他不利于本人的社会影响。随着思想隐私构成要素不断被揭示乃至泄露，一个人可能被削弱尊严，逐渐丧失"自我"。思想隐私泄露的后果主要表现在三个方面。

第一，思想行为可能被他人控制。神经科学的发展以及应用已经让我们认识到可能出现这样一些现象，例如，商家利用神经营销学对强迫性购买行为的研究，制订相应的营销和广告策略，使消费者易于接受广告信息；个别人利用脑机接口技术，通过信息采集、信息处理、信号解码、数据输出等，获取他人的思想隐私并加以利用，这种情况还可能造成责任判定的困境；军队可能会利用思想隐私，掌控军人的忠诚度。

第二，易于"污名化"。社会学家埃利亚斯指出，"污名化"即一个群体将人性的低劣强加在另一个群体之上并加以维持的过程。"污名化"呈现为一个动态过程，它是将群体偏向负面的特征刻板印象化，并由此掩盖其他特征，让"污名"成为在本质意义上与群体特征对应的"指称物"，在这个过程中，处于强势且不具污名的一方最常采用的一种策略即"贴标签"。

疾病导致的污名化，是由于社会中的部分人群将疾病与个人道德品质、个人能力、未来发展等相联系，认为拥有该种疾病的个体社会价值降低或丧失，例如艾滋病患者常被认为个人生活不检点，但事实上很多患者的病因是意外的输血感染；阿尔茨海默病的另一个更为人知晓的名字"老年痴呆"，从其名字上就可以看到人们对于此类人群社会价值的判断，但这种疾病并不是智商下降，而是一种起病隐匿的进行性神经系统退行性疾病。思想隐私泄露导致的污名化，则是由于人们思维中偶然出现的负面信息被他人获知，而这种负面信息可能与个人道德品质有更直接的联系，由此他人更可能认为拥有这种思想的个体社会价值降低或丧失。相应地，如果技术能够确保该思想隐私确实能代表个体的思维活动，并进一步跨越思维与行为之间的鸿沟，突破个体隐藏内心想法的屏障，这就增强了负面信息出现的可能性，于是人们更容易将"偶然出现"当成"个体常态"。反过来，如果技术的有效性不能确保准确反映思想隐私，那么情况会变得更加糟糕，即不是"污名化"，而是

"诬陷"。

第三，削弱人类尊严。如果一个人的思想完全被他人掌控，那么他人就可以进一步地控制其行为，比如商家可能实现真正的"精准促销"。如果人们需要竭尽全力地使自己不产生任何的思维活动，或者只产生正面的思维活动，以避免思想隐私泄露导致的"污名化"，那么人类尊严将毫无疑问地受到挑战[①]。

三、神经科学数据的伦理治理

神经科学家对神经领域探索的不断深入，使临床研究者对神经疾病的病因、发病机制等的了解更加深刻。神经科学数据库的构建也是未来发展趋势，比如美国国立卫生研究院就设立了神经科学信息框架（Neuroscience Information Framework，NIF），这是一个web资源库，包括实验、临床和转化神经科学数据库、知识库、遗传/基因资源等，提供了许多权威的、与神经科学相关的数据链接。神经科学数据库的构建能够有力推动神经科学研究的开展和数据共享。首先，对科学研究来说，可重复性是确定研究结果真实可靠的关键指标。数据共享越普遍，检验一个新的研究发现是否具有可重复性也就越迅速，例如多个实验室可利用数据库的数据同时进行验证，这能够提

---

① 林玲. 新颖神经技术伦理问题研究. 北京：北京协和医学院，2016.

高评估新研究发现的速度,从而更快地推动科学研究进步。其次,数据库有利于不同研究领域、不同专业背景的研究者使用同一数据,促进数据的多领域共享。神经科学研究领域细分越来越专业化,既有研究神经元群体协同放电活动的本质(例如认知、情感、社会、文化等),也有使用各种方式(例如区组设计、事件相关设计、混合设计、功能连通性、效果连通性、模式分类等)探讨这一过程潜在的神经机制[1]。领域细分要求更为广泛的数据共享,使人们能在给定的数据集中,测试更多的假设。此外,在神经科学研究过程中,一个理想数据的产生,往往需要很高的成本,例如需要给每个参与 fMRI 扫描的参与者误工费用,还有前期设备机器、人力的投入。更广泛的数据共享也能帮助到那些没有足够资源开展独立研究的科研人员。

但是,神经科学研究及神经科学数据库创建所带来的伦理问题也同时摆在我们面前。在个体隐私权和公共利益的博弈中,公共利益是否应该压倒性地超越个体隐私权?神经科学数据及其研究成果的应用带来的收益,是否所有人能共同享有?神经科学数据是否会对个人隐私产生负面影响?如果会,能否把可能的消极影响减少到最低限度? 神经科学数据信息有特定的意义和价值,无法由个人完全掌控,尤其是在公共利益下

---

[1] 邱新,饶恒毅. 人脑功能连通性研究进展. 生物化学与生物物理进展,2007(1): 5-12.

(如为了治疗更多人类疾病、为了得到法律上的证据、为了国防事业等[①]),个人的信息隐私更具脆弱性。此外,随着新技术不断发展,个人的思想隐私在新的技术环境下会更显脆弱。神经科学巨量数据的庞大影响面,以及个人权利与公共需求之间的博弈,使神经科学数据伦理问题的应对成为一个难题。

伦理治理(Ethical Governance)作为近些年出现的概念,被广泛应用于伦理的现代性问题或难题的讨论。治理(Governance)与管理(Regulation)不同,管理是治理的一个方面,治理的关键在于决策和决策实施过程,涉及公司、地方、国家以及国际多个层面。对治理的分析集中于涉及决策和决策实施的种种行动者及其结构[②]。全球治理委员会(The Commission on Global Governance)1995年给出的权威定义是:"所谓治理是指公共的或私人的机构及个人管理相关共同事物诸多方式的总和。它是使相互冲突的或不同的利益得以调和并采取联合行动的持续过程。这既包括有权迫使人们服从的正式制度和规则,也包括各种人们同意或认为符合其利益的非正式的制度安排,它有四个特征:治理不是一套规则,也不是一种活动,而是一个过程;治理过程的基础不是控制,而是协调;治理既涉及公共部门,也涉及私人部门;治理不是一种正式的

[①] 马兰. 神经科学前沿性伦理问题探析. 前沿, 2012(13): 18-20, 57.
[②] 邱仁宗, 黄雯, 翟晓梅. 大数据技术的伦理问题. 科学与社会, 2014, 4(1): 36-48.

制度，而是持续的互动。"治理既包括政府机制，也包括非正式、非政府的机制。治理实质上强调的是机制，强调的是不同社会角色为了共同目标而做出的协调行为，而不只是自上而下的强迫和制裁，它强调非正式的合作、协调，如同行监督、公众参与等。[①]科学与治理议题从20世纪末、21世纪初开始在欧洲兴起，指以各种方式或机制把利益相关者带到一起，以使科学技术保护和促进人民的幸福和安康为目的，管理科学技术带来的变化的决策过程。"伦理治理"则是以各种方式或机制把政府、科研机构、医院、伦理学家（包括法律专家和社会学家等）、民间团体和公众联系到一起，使其发挥各自的作用，相互合作，共同解决所面临的伦理问题以及社会和法律问题。

神经科学数据的应用有助于促进科学发展，但也带来一系列挑战。这些挑战具有深刻的意义，在不同学科、制度、国家之间存在差异，而且随着时间的推移，技术和伦理框架也会发生变化。神经科学数据具有复杂性，以及与生俱来的伦理敏感性和显示个体本质的特性。我们在考虑神经科学数据的伦理、法律和社会责任问题，以及隐私保护、所有权问题以外，还需要考虑神经科学数据的伦理治理，以促进负责任研究和创新的

---

① 樊春良，张新庆，陈琦. 关于我国生命科学技术伦理治理机制的探讨. 中国软科学，2008(8): 58-65.

实现。

新兴的数据技术使大规模的数据收集和分析成为可能。在数据的整个生命周期中，伦理问题无处不在。从数据收集阶段的知情同意原则或动物保护原则，数据处理和分析阶段的数据保护和隐私保护，到数据共享和发表阶段的知识产权问题，我们需要研究数据共享的必要性和数据保护的伦理要求，并考虑研究成果滥用的伦理、社会和法律问题，以及未来创新可能带来的更多的伦理问题。神经科学数据的各相关主体需要通过建立相互对话和责任分担的机制[1]，对数据的可及性、可用性、完整性、质量和安全性进行全面管理，确保数据在特定的研究环境中，在符合法律和伦理的条件下的最大化利用。

---

[1] VON SCHOMBERG R. *Towards Responsible Research and Innovation in the Information and Communication Technologies and Security Technologies Fields.* Luxembourg: Publications Office of the European Union, 2011

第三节　ICT 植入物研究和应用的伦理问题及应对

伴随着生物技术、医疗技术和人工智能等的发展和融合，生命科学领域出现了更多的新兴技术及其产品。医用植入物（Medical Implants）是一种由合成材料制成的装置，通常出于医疗目的而放置在人体内，按照人体所用部位的不同，可以分为骨科植入物、心脏植入物、脊柱植入物、牙种植体、眼科植入物、美容植入物等。医用植入物主要用于治疗，包括恢复身体功能、监测健康状况等，比如用于替换膝盖等身体部位、提供止痛药物、监测和调节心率等。有些植入物是惰性的，目的是提供结构支持，如手术网或支架；另一些则是活跃性的，与身体相互作用，如根据心率变化发出电击的心脏除颤器。

随着信息网络技术的发展，一些医用植入物开始与体外系统相连。这些植入物可与外部设备进行无线通信，被称为人类信息与通信技术植入物（Human Information and Communication Technology Implants，简称 ICT 植入物），如心脏起搏器、植入式除颤器和神经刺激器等。它们能够监测身体状况并根据身体的变化自动提供治疗。在这个过程中，植入物可以存储、收集、处理和传输有关患者和植入物的数据，并接收指令和更新软件。在有需要时，医生还可以给植入物传输数据，或者通过互联网进行远程控制和监测[1]。

这种智能化、网络化的植入物可能意味着更少的就诊需要，增强了数据收集、监控和分析的可能性，但是同时，它也带来了隐私和安全方面的新的伦理问题。它的发展、应用和日益商业化，引发了学界和社会关于其使用的伦理、法律和社会影响的激烈争论。尽管利益相关者呼吁加强对 ICT 植入物的伦理研究和监管，但是 ICT 植入物的技术研究、开发和商业现实与旨在监管的已有伦理研究、现行法律框架之间，已经开始出现差距。本节尝试厘清 ICT 植入物研究和应用可能面临的伦理问题，讨论应该如何对待这些伦理问题，及如何更为具体地使用生命伦理原则，并在此基础上进一步讨论潜在的监管挑战和相关主体的职责。

---

[1] QUIGLEY M, AYIHONGBE S. Everyday Cyborgs: On Integrated Persons and Integrated Goods. *Medical Law Review*, 2018, 26(2): 276-308.

一、ICT 植入物相关伦理研究

医用植入物的快速发展得益于材料科学、电子产品微型化、电池容量等领域的科技进步[①]。传统的由金属、聚合物和陶瓷等物质制成的植入物，多数涉及安全问题并对人体有潜在有害影响。ICT 植入物面临与传统植入物类似的伦理问题，但也产生了许多新的问题。目前还没有合适的伦理准则和法律来规范未来 ICT 植入物广泛应用后的伦理问题，比如"读心术""记忆操纵"，等等[②]。

早前的相关研究和政策咨询已对 ICT 植入物的伦理问题有所关注。2005 年欧盟委员会欧洲科学和新技术伦理小组（European Group on Ethics in Science and New Technologies to the European Commission）就"人体 ICT 植入物伦理问题"做了一项咨询研究，探讨了 ICT 植入物植入人体后所带来的人类作为一个物种的身份界定以及个人的主观性和自主性问题，提出以对人的尊重为基础，讨论对 ICT 植入物的应用的限制[③]。

之后，情感计算、环境智能、生物电子学、云计算、神经

---

① HARMON S H E, HADDOW G, GILMAN L. New Risks Inadequately Managed: The Case of Smart Implants and Medical Device Regulation. *Law, Innovation and Technology*, 2015, 7(2): 231-252.
② REARDON S. AI-controlled Brain Implants for Mood Disorders Tested in People. *Nature*, 2017, 551(7682): 549.
③ EGE. Ethical Aspects of ICT Implants in the Human Body. [2020-02-01]. http://ec.europa.eu/bepa/european-group-ethics/publications/opinions/index_en.htm.

电子学、未来互联网、人机共生、量子计算、机器人、增强现实等信息和通信技术出现了许多新的进展，随之引发了国际上特别是欧洲关于 ICT 植入物伦理和法律问题的进一步争论。2011 年，欧洲经济竞争协会关注了 ICT 植入物（医学应用）对人的尊严、自由、隐私和数据保护、身份和人格等的影响，并进行了"伦理评估"[①]。马克·加森（Mark Gasson）等编辑的《人体 ICT 植入物：技术、法律和伦理考量》（Human ICT Implants: Technical, Legal and Ethical Considerations）关注了当时最新的技术进展，从技术、法律和伦理的角度全面探讨了 ICT 植入物的影响，提出了一些关键的问题，并为解决其中一些问题制定了路线图[②]。2019 年，纳菲尔德生物伦理委员会（Nuffield Council on Bioethics）也发布了医用植入物简报，强调医用植入物（如髋关节植入物、心脏起搏器和葡萄糖监测仪）使用所引发的伦理问题，以及在这一领域工作的监管机构、制造商和医疗专业人员所面临的挑战，其中涉及了 ICT 植入物的伦理问题及监管问题，特别是与植入物相关的数据和网络安全

---

① ETICA. Ethical Issues of Emerging ICT Applications. [2020-02-01]. http://ethics.ccsr.cse.dmu.ac.uk/etica.

② GASSON M N, KOSTA E, BOWMAN D M. *Human ICT Implants: Technical, Legal and Ethical Considerations*. New York: Springer, 2012.

风险问题[①]。

目前，医用植入物新产品出现的速度远远快于新药物[②]。据MedTech Europe 2018年的研究，包括植入物在内的40万种医疗器械已获准在欧盟使用，欧盟约有27000家医疗技术企业[③]。随着人口老龄化发展，社会对医用植入物的需求会大大增加。此外，低技术含量的ICT植入物近年来越来越多地应用于非治疗性环境中。医疗技术逐渐向非医疗应用领域发展，通过信息和通信技术植入增强人类能力已变成现实。但是，目前关于ICT植入物具体研究、技术开发、临床试验和商业应用过程中的伦理问题及应对的研究还远远不够。美国国立卫生研究院的神经科学家迈克尔·凯利（Michael Kelly）指出，目前研究人员或公司对于进行风险大、侵入性强的植入物研究"还没有入门"[④]。由此，我们需要进一步关注ICT植入物的当前和未来

[①] Nuffield Council on Bioethics. Medical Implants. [2020-02-01]. https://www.nuffieldbioethics.org/publications/medical-implants/sub-page-1-1-1.

[②] House of Commons Science and Technology Committee. Regulation of Medical Implants in the EU and UK.(2012-11-10) [2020-02-01].https://publications.parliament.uk/pa/cm201213/cmselect/cmsctech/163/163.pdf.

[③] MedTech Europe. The European Medical Technology Industry in Figures 2018.(2018-12-01) [2020-02-01]. https://www.medtecheurope.org/wp-content/uploads/2018/06/MedTech-Europe_FactsFigures2018_FINAL_1.pdf.

[④] EMILY U. Researchers Grapple with the Ethics of Testing Brain Implants.(2017-10-31) [2020-02-01].https://www. sciencemag.org/news/2017/10/researchers-grapple-ethics-testingbrain-implants.

发展，探讨其研究和应用所带来的新的伦理问题，可能的伦理原则和规范，以及潜在的监管挑战和应对措施。

二、ICT 植入物研究和应用的伦理问题

ICT 植入物在医学领域的研究正在不断加强，近年来一些更复杂、更活跃的植入设备如耳蜗植入物、大脑植入物、辅助或替代心脏的设备、联网植入物不断被开发出来。应当如何尽可能全面而准确地梳理出当前和未来 ICT 植入物研究和应用面临的伦理问题？目前，从案例分析和技术发展角度[①]入手，是这方面研究中使用最多的方式，但是，前者在全面性上、后者在落地性上均存在一些不足。

根据《牛津英语词典》，植入物指"任何植入物，尤其是体内植入的"，也包括用于恢复人类能力以外的目的的设备，例如诊断设备。因此，"植入伦理"是"研究将技术设备持续引入人体的伦理问题"。与"植入"密切相关的一个概念就是"移植"[②]。人体器官移植引发了很多伦理问题，是医学伦理学中讨论最深入的问题之一。临床上将人工设备植入患者体内与

---

① EMILY U. Researchers Grapple with the Ethics of Testing Brain Implants.(2017-10-31) [2020-02-01].https://www. sciencemag.org/news/2017/10/researchers-grapple-ethics-testingbrain-implants.

② GASSON M N, KOSTA E, BOWMAN D M. *Human ICT Implants: Technical, Legal and Ethical Considerations*. New York: Springer, 2012.

移植有很多相似的地方，但也有很多不同。使用人工设备代替来自人体的器官淡化了与器官捐献有关的伦理问题，然而也引发了另外一些需要认真考虑的伦理和哲学层面的新问题，包括隐私与安全、生命终结（关闭设备）、超出正常水平的人类能力增强、精神变化、个人身份以及文化影响等方面的问题。汉森（Sven Ove Hansson）在分析植入物伦理问题时，对比了器官移植、细胞移植和植入物的伦理问题[①]。我们将在此基础上，进一步梳理当前和未来ICT植入物研究和应用面临的伦理问题，重点关注ICT植入物研究和应用的操作层面的伦理问题。

捐赠中的同意、补偿和被剥削的风险等问题是器官移植伦理争论的中心。ICT植入物不存在这方面的伦理问题。关于捐赠的临终决定也是移植伦理的核心问题。在植入伦理中，这个问题并不存在，但是生命终结决定的问题凸显了出来。ICT植入物是可以外部控制的设备，在维持生命的意义上，与外部设备如呼吸机是一样的，因此也可能产生相同类型的生命终结问题。

由于自然限制和费用限制，移植还有分配方面的伦理问题。虽然对一些植入治疗来说，分配问题也至关重要，但无法和移植的分配问题相比。在ICT植入物中，分配所涉及的公

---

① HANSSON S O. Implant Ethics. *Journal of Medical Ethics*, 2005, 31(9): 519-525.

平问题表现在另一层面。对于移植，人们最大的期望是恢复正常功能，但ICT植入物却可能将功能提高到高于正常水平。因此，植入伦理必须处理健康和疾病界定的问题、人体增强的可接受性问题，以及可能的依赖问题。这些问题在器官移植中不会出现。

增强问题又衍生出另一个伦理问题，即心理变化和个人身份认同问题。ICT植入物对神经的刺激有可能导致病人性格、认知的改变，结果可能是，在他（或她）的生活环境中，他（或她）不能被看作"同一个人"了。此外，基于ICT植入物所用的信息与通信技术的特点，还有安全、隐私保护、数据所有权等一系列伦理问题。

以下，我们将从三个方面展开分析。

1. 生命终结决定

对于任何形式的生命维持治疗而言，生命终结的问题都必然会出现。目前引起这方面伦理争论的ICT植入物主要是人造心脏和心脏辅助装置：何时关闭设备？谁可以决定关闭？这是ICT植入物应用中非常现实的伦理问题。ICT植入物作为一种外部植入物，与移植器官和其他外部生命维持设备有相同也有不同之处。与移植器官相同之处在于，它们都是维持生命的部分；不同之处在于，移植器官可能与人体状况"同步"，而植入物则是外部可控的，它可能"永生"。与其他外部生命维持设备相同之处在于，它们都是外部可控的；不同之处在于，二者的"归属权"不同。

当生命状况出现异常的时候，植入物的属性应该等同于移植器官还是外部生命维持设备？一个可能的情况是，接受人造心脏或心脏辅助装置的病人可能会把它当作自己的心脏，就像对待自己的心脏或移植的心脏一样对待它。那么在这种情况下，他人（特别是医生）对人造心脏的使用有怎样的决定权？与这些讨论相关的是，这个功能"完美"的设备是应该服务于医学目标还是病人的最大利益？如何体现对病人的尊重，判定何种情况下医生的决定和行动是符合伦理的，都是需要考虑和解决的伦理问题。

未来的技术发展可能会为我们提供其他类型的维持生命的植入物，如适宜植入的人造肺，这些植入物基本上会产生与人造心脏相同的问题。另一种不同类型的生命终结问题可能来自大脑植入，这类植入物不是维持生命所必需的，而是维持意识所必需的。在这种情况下，应该如何尊重病人？怎样对病人最为有利？何时可以决定关闭植入物，谁有决定的权利？即使人的意识状态恶化，我们也不能简单地认为有理由来支持关闭植入物，这里需要考量 ICT 植入物与其他外部生命维持设备的区别。

2. 增强问题

器官移植只是为病人提供一个功能正常的器官，而 ICT 植入物则可能让人拥有超出正常的、增强的或新的功能。如果有可能，是否可以使一个健康的人的认知能力提高到他（或她）的自然禀赋以上的水平？医学的目标不是去除人类的所有痛苦，而是只涉及其中与疾病有关的内容。疾病与健康或正常状态之间的区别并没有严格的界定。社会语境中的"疾病"不完全是生物学上界定的概念，社会价值观也可能会对此产生影响，至于是否应该接受治疗，还可能受到个人直觉的影响。

因此，关于健康和疾病的讨论很难阐释清楚到底什么样的治疗是可以被接受的，但这并不意味着所有的增强都是可接受的。增强方面的考虑因素包括增强可能的副作用、社会公平问题等，这些与近年来社会关注的热点"基因增强"类似。增强问题从根本上说是关于人的本质、应该有什么样的人的问题。这也是道德哲学探讨的问题之一。从操作的层面来看，最佳的方法可能是渐进地处理它们，根据我们当前的价值观来判断每种情况[①]。

来自 ICT 植入物的刺激可能会提高人的认知能力，导致病人性格改变。这些变化可能会给人带来新的价值观、对人际关

[①] EGE. Ethical Aspects of ICT Implants in the Human Body. [2020-02-01]. http://ec.europa.eu/bepa/european- group-ethics/publications/opinions/index_en.htm.

系的新看法，如此，这还是同一个人吗？此外，信息和通信技术设备与大脑的连接还可能允许计算机化的个体与其他具有相似连接的个体之间发生交流。这可能需要重新评估自我和社会之间的边界。这对社会关系和社会秩序来说，将是一个重大的挑战。

3. 安全、隐私保护、数据所有权问题

（1）安全风险引发的可能的伤害问题

人为失误、管理松懈的安全程序和与软件相关的程序的低可用性会增加安全风险。连接的设备可能暴露安全漏洞，如可能发生未授权访问或入侵植入物等行为。这些安全隐患引发了风险问题。虽然目前还没有发生对植入物的网络攻击，但相关研究已经显示，对心脏除颤器、起搏器和胰岛素泵的攻击是可能的[1][2]。ICT植入物研发和使用的一个必要条件，是遵循生命伦理学的不伤害原则，保护病人的安全。当伤害发生时，植入物的使用就违背了不伤害原则。2017年，美国近50万名患者使用的一种心脏起搏器被发现存在一个漏洞，这个漏洞可能会导

---

[1] HALPERIN D, HEYDT-BENJAMIN T S, RANSFORD B, et al. Pacemakers and Implantable Cardiac Defibrillators: Software Radio Attacks and Zero-power Defenses. *2008 IEEE Symposium on Security and Privacy*, 2008: 129-142.

[2] LI C, RAGHUNATHAN A, JHA N K. Hijacking an Insulin Pump: Security Attacks and Defenses for a Diabetes Therapy System. *2011 IEEE 13th International Conference on E-Health Networking, Applications and Services*, 2011: 150-156.

致未经授权的用户对起搏器进行重新编程,导致电池损耗或不恰当的起搏①。目前,国际上医疗设备相关法规没有规定需要证明植入物的网络安全才可以获得批准上市;相关的上市后的监测和不良事件报告也还没有关注潜在的安全漏洞问题②。

在实际操作中,安全问题不能被后置在使用阶段,监管也不能仅针对设备使用,更合理的方式是在研究和设计阶段就引入安全标准并对安全问题进行监管。目前已经有这方面的规范,2019年,英国卫生和社会保障部发布了一份数据驱动的卫生和医疗技术行为准则,强调将安全问题纳入新技术设计的必要性。准则中提及,新的欧盟医疗设备监管规定将加强监管,并改善联网医疗设备的网络安全问题③。政府还承诺将为数字安全和网络安全建设提供资金。

(2)隐私保护和数据所有权问题

ICT植入物是一种"智能"植入物,可以与外部设备进行

---

① Food and Drug Administration. Firmware Update to Address Cybersecurity Vulnerabilities Identified in Abbott's (Formerly St. Jude Medical's) Implantable Cardiac Pacemakers: FDA Safety Communication.(2017-08-29)[2020-02-01]. https://www.fda.gov/medical-devices/safety-communications/firmware-update-address-cybersecurity-vulnerabilities-identified-abbotts-formerly-st-jude-medicals.

② Nuffield Council on Bioethics. Medical Implants. [2020-02-01]. https://www.nuffieldbioethics.org/publications/medical-implants/sub-page-1-1-1.

③ Department of Health and Social Care. Code of Conduct for Data-driven Health and Care Technology.(2019-7-18)[2020-02-01]. https://www.gov.uk/government/publications/code-of-conduct-for-data-driven-health-and-care-technology/initial-code-of-conduct-for-data-driven-health-and-care-technology.

无线通信，监测病人身体状况，及针对身体的变化自动提供治疗；可以存储、收集、处理和传输有关患者和植入物的数据，接收指令和更新软件；当病人住院时，医生可以通过植入物传输数据，病人出院后，医生还可以通过互联网来进行远程控制和监测。

ICT植入物可收集和传输数据的特性也引发了谁可以访问、控制或拥有数据等问题。病人不一定能获得这些数据——即使它们与病人自己的健康状况有关，而且往往没有能力控制数据。在某些情况下，来自植入物的数据由制造商收集并与医护人员共享。此外，植入物收集的数据可能会引起医疗系统之外的参与者的兴趣。2017年美国的一起刑事法庭案件中，59岁的男子罗斯·康普顿的陈述与警方从现场掌握的证据不一致，之后其心脏起搏器收集的数据被检方通过使用搜查令获得。法官裁定心脏起搏器数据可以作为证据在法庭审判时出示[1]。这可能是心跳记录首次被允许作为呈堂证供，可能意味着医疗器械的记录数据将被更广泛地应用在法庭审理中。

心脏起搏器或心脏除颤器可以有效防范高危患者心脏出现危及生命的状况。使用主动式远程监测植入物还可能意味着就

---

[1] MCLEOD C A. A Telltale Heart: Exploring the Constitutionality of the Use of Personal Technology to Incriminate Individuals.(2018-04-27)[2020-02-01].https://papers.ssrn.com/sol3/papers.cfm?abstract_id=3159663.

诊次数的减少，相关数据还有利于医生适时地掌握和调整设备以达到更好的医疗目的。这些都是对病人有利的。但是，ICT植入物的外联性提升了植入物使用的便利性，扩大了可能从中获利的群体。数据资料可能被他人掌握或利用、被允许在法庭上使用，这些都有可能影响病人使用植入物的意愿——因为一旦植入，病人通常不会拥有使数据失效或移除数据的选择，于是植入物的优势对病人来说就有可能打折扣，而这有可能影响病人对ICT植入物的选择。这是移植或传统植入物无需面对的问题。因此，相关主体，包括病人、医护人员、研究人员、企业、管理部门等，有必要在植入之前，进一步明确数据的获取、使用权限。

三、监管的伦理挑战和相关主体的职责

2003年美国埃默里大学的海伦·梅贝格（Helen Mayberg）最先尝试使用深层脑区刺激手术治疗抑郁症。梅贝格认为抑郁症患者大脑的布罗德曼25区是一个过度活跃的"神经接线盒"。她采用深层脑区刺激手术，在患者头顶钻两个洞，将两个电极插入大脑深部的布罗德曼25区，治疗遭受抑郁症折磨多年且可能的治疗方法均已无效的患者。2012年，该研究停止招募参与者。2017年10月《柳叶刀·精神病学》发表了有关试验失败的数据。但是，参与试验的44名患者要求保留他

们大脑中的植入物，并为他们提供长期临床护理。

这一事件凸显了 ICT 植入物专业人员、医疗企业、管理部门在实际研究和应用中应如何担责等棘手问题。相关主体可能需要进行更为长远和细致的考虑。

1. 专业人员的职责

鉴于 ICT 植入物在创新、安全、操作等方面的特殊性，专业人员需要解决以下难题。一是何时可以开始研究的问题。ICT 植入物可能被用于尝试治疗其他治疗方法无效的疾病，这些病人的病情都已经十分严重，因此治疗有很强的紧迫性，病人对 ICT 植入物期望值也很高。比如梅贝格试验的参与者都病得非常严重——所有人都必须使用过至少四种其他的抑郁症治疗手段而无效，包括多种类型的抗抑郁药。但是之后的分析显示，梅贝格试验的临床前研究以及研究目标的细化可能并没有那么充分。那么，为了降低失败的风险，研究人员应该等多久才能开始试验？这对研究人员是很困难的判断，因此，对于植入 ICT 植入物这种高风险的试验，更多的前期研究是很有必要的。据 2017 年的一项研究，美国国立卫生研究院已支持 9 项脑刺激疗法的早期可行性试验，其中包括两项针对抑郁症的试验[1]。

---

[1] UNDERWOOD E. Researchers Grapple with the Ethics of Testing Brain Implants. *Science*, 2017-10-31［2020-02-01］.https://www.sciencemag.org/news/2017/10/researchers-grapple-ethics-testing-brain-implants.

二是知情同意、隐私保护、安全问题。在药物的临床试验中，最初可以小剂量给药，试验可以随时停止。相比之下，ICT植入物不能逐渐引入，而且通常被设计为在体内停留多年，一旦植入，就很难移除，即使移除也具有较大风险，操控及产生的数据等都不能完全由病人自己控制，植入的效果还可能取决于诸如病人的选择以及外科医生的技能和经验等其他因素。因此，全面测试ICT植入物终生安全性和有效性所需的时间要比药物长得多。但是，不确定性并不一定意味着病人不能知情同意。安全是研究阶段和使用阶段必须考虑的，在进行任何手术前，都需要为病人提供足够的时间，讨论可能的影响、风险、收益以及数据使用、隐私保护等问题，以帮助病人在充分知情的情况下做出决定。

2. 医疗企业的职责

对于医疗企业而言，一些ICT植入物，比如植入式心脏健康监测装置，可以配备一个智能手机应用程序，来对设备进行无线监控，以及存储与医疗服务提供商共享的持久记录。手机应用程序和设备之间传输的数据、手机本地存储的数据都需要考虑加密，考虑密码算法的标准。此外，医疗企业还可以进行独立的安全评估，以确定设计中忽略的其他问题。一旦发现潜在的漏洞，就应采取负责任和迅速的行动，以确定漏洞的范围，减轻损害。

有时 ICT 植入物是可以由病人自己操作修改的，例如，OpenAPS 项目正在开发一种连接连续葡萄糖传感器和胰岛素泵的方法，以形成一个闭环系统，自动维持糖尿病患者的安全血糖水平。关于如何修改设备的说明是在线共享的，这就可能引发问题[1]。用户如果误读了制造商的说明或未按照制造商的说明做了错误的修改，需要自行负责，但是入侵 ICT 植入物所引发的问题还是应归因于制造商可能要负责的安全漏洞。一旦 ICT 植入物获得认证，医疗企业包括制造商、服务商就有责任收集与安全相关的数据，并向管理部门报告不良事件。根据新的欧盟法规，企业必须将其每台设备上市后监测的某些方面的信息上传到欧洲医疗器械数据库（EUDAMED）。这些数据不向公众或临床医生开放[2]。

3. 监管职责

ICT 植入物可收集和传输数据的特性引发了谁可以访问、控制或拥有数据的问题，以及关于病人隐私的问题。在很多时候，来自 ICT 植入物的数据是由制造商、服务商收集并与专业人员共享的。随着越来越多的设备联网，它们越来越容易受到

---

[1] OpenAPS. What Is #OpenAPS?.[2020-02-16].https://openaps.org.
[2] Nuffield Council on Bioethics. Medical Implants. [2020-02-01]. https://www.nuffieldbioethics.org/publications/medical-implants/sub-page-1-1-1.

复杂的网络安全威胁。就此，英国的数据驱动的卫生和医疗技术行为准则强调了将安全问题纳入新技术设计的必要性，提出要改善联网医疗设备的网络安全问题[1]。

保障和提升ICT植入物安全性不能只依靠监管，相关的支持也非常重要。随着物联网关键应用的出现，这一点变得更加重要。2019年，英国政府机构"创新英国"（Innovate UK）通过研究与创新战略优先基金（UK Research and Innovation Strategic Priorities Fund）投入600万英镑的资金，用于开发可以解决物联网网络安全问题的新产品和新服务，以应对与网络安全相关的行业挑战。这是英国政府为加强数字设备和在线服务的安全性而采取的一系列措施的一部分。其他措施还包括通过产业战略挑战基金（Industrial Strategy Challenge Fund）进行高达7000万英镑的投资，用于加强设计以解决数字安全问题[2]。

---

[1] Department of Health and Social Care. Code of Conduct for Data-driven Health and Care Technology.(2019-7-18)[2020-02-01]. https://www.gov.uk/government/publications/code-of-conduct-for-data-driven-health-and-care-technology/initial-code-of-conduct-for-data-driven-health-and-care-technology.

[2] Improve Cyber Security in the Internet of Things: Apply for Funds.(2019-02-04)[2020-02-16]. https://www.gov.uk/government/news/improve-cyber-security-in-the-internet-of-things-apply-for-funds.

四、结论

涉及信息与通信技术、神经科学、材料科学等学科的 ICT 植入物研究是一个蓬勃发展的领域。新的 ICT 植入物在市场上出现的速度比新的药物更快。一些 ICT 植入物虽然还没有在临床中应用，但它们很可能成为未来的选择。ICT 植入物是一个新鲜事物，我们在伦理上没有做好充足的准备，但同时它又发展迅猛，伦理研究和应对已经非常紧迫。

ICT 植入物的出现为通过数据的收集和使用来改善病人护理提供了可能，但由于它的外联性，从选择植入到使用，到最终停止使用，其伦理问题非常突出地将病人、专业人员、医疗企业、管理部门紧密地捆绑在一起，显示出了它的高风险性及与其他药物、医疗技术或医疗设备研究和应用的不同。在考虑和应对 ICT 植入物伦理问题上，我们可能需要特别关注三点。一是专业人员、制造商、管理部门需要承担特别的责任，尽早地发现问题；二是其发展必须始终伴随安全措施方面的考量和努力；三是生命终结决定、人类增强等问题提示我们新的 ICT 植入物将导致新的伦理问题，需要更多地考虑生物伦理基本原则的应用场景，包括人类尊严和权利、自主性、收益与损害、隐私和秘密、文化多样性和多元化等。

第四节 人类基因编辑技术的伦理问题应对[①]

作为生命科学的前沿热门领域，基因编辑技术近年来飞速发展，特别是2012年CRISPR/Cas9技术的出现，使人类能够以前所未有的精确程度和便捷程度来操控生物体的遗传代码。而将基因编辑技术应用于人类自身的尝试，在昭示出广阔发展前景的同时，其内在的变革性也引发了人们对其潜在伦理风险的更多责问，对技术进展的热情和对负面后果的忧虑赫然相对。特别是2015年4月，《蛋白质与细胞》期刊刊发了我国学者黄军就等人关于人类受精卵基因编辑的研究论文，引起了国内外生命科学界持续的热烈争议。由于他们又一次触及科学操纵人类生命的敏感话题，论文发表过程中面临的伦理质疑、

[①] 本节主要内容原载于《2016高技术发展报告》，详见：缪航，黄小茹. 人类基因编辑技术的伦理反思 // 中国科学院. 2016高技术发展报告. 北京：科学出版社，2016: 309-316.

科研人员的规范行为与社会责任等议题，也在不断引发舆论波澜。

基于此，本节在简要回顾基因编辑技术演化脉络的基础上，着力探讨人类基因编辑技术特别是人类生殖细胞基因编辑操作所蕴含的伦理议题，并进一步对比不同国家伦理监管体系在人类基因编辑应对立场上的异同，进而就如何缓解这一领域的伦理冲突、实现负责任的研究提出相关建议。

一、争议背景：基因编辑技术的突破性进展

基因编辑技术能够在基因组水平上对 DNA 序列进行改造，从而改变生物体的遗传性状。基因编辑技术的发展和普及，意味着人们对于基因序列的认识已从"阅读"走向"改写"，人类理解生命以及操纵生命的能力也随之不断拓展。作为日益引起关注的前沿交叉领域，基因编辑技术的发展速度之快令人瞩目，技术范式的迭代速度超出我们的想象：2005 年以后，第一代 ZFN（zinc finger nuclease，锌指核酸酶）技术开始得到广泛应用；到 2010 年，第二代 TALEN（transcription activator-like effector nuclease，类转录激活因子效应物核酸酶）技术开始普及；仅仅两年之后，使用成本更低、操作更为便捷，并更具通用性的第三代 CRISPR/Cas9 技术研究就接连取得突破性进展，该技术基于 CRISPR（clustered regularly interspaced short palindromic repeats，成簇规律间隔短回文重复序列），并通过 Cas9 蛋白对基因组进行编辑。在《科学》期刊评选出的 2015 年全球十大科学突破中，CRISPR 技术高居首位，《自然》期刊也于同一年将利用 CRISPR 技术编辑人类受精卵的黄军就评为 2015 年十大科学人物。

CRISPR/Cas9 技术的思路来源于细菌抵御病毒入侵的免疫机制。CRISPR/Cas9 复合体是大多数细菌和所有古细菌基因组中天然存在的免疫系统，其中，CRISPR 序列可以保存并不断整合外源噬菌体病毒的 DNA 片段，有了这份记录，基于 CRISPR 序列转录的 RNA 分子，便能够及时在细菌细胞中识别和精确定位入侵的病毒，并利用与之相伴的 Cas9 蛋白对病毒 DNA 进行剪切，从而实现对入侵病毒的免疫。利用这一机制，研究人员只要根据需求设计一段由几十个碱基构成的 CRISPR 序列，和天然存在的 Cas9 蛋白构成复合体，就能够以比前两代技术更高的效率、更便捷的操作和更低的成本实现对人类基因组的编辑。按照基因编辑技术研究先驱杜德纳的话来说，如果把之前两代基因编辑技术的工作量和操作难度看作是重装计算机操作系统的话，那么现在 CRISPR/Cas9 技术只相当于根据需要安装特定软件。

鉴于 CRISPR/Cas9 技术体系的显著优势，它迅速在世界各地的生物医学研究机构中获得了普及，利用 CRISPR/Cas9 技术进行基因组编辑的酵母、线虫、果蝇、斑马鱼、小鼠和猴子等相继出现。以 CRISPR/Cas9 技术为主导的基因治疗方案，为攻克当前医疗条件下无法治愈的疾病开辟了新的可能，让深受疾病折磨的患者燃起了希望。科研机构、医药企业、资本市场对这一技术应用于医疗和农业生产的兴趣不断增强，围绕相关专利授权和商业化开发的竞争态势愈演愈烈。

二、逼近伦理底线的人类胚胎基因编辑

出于道德考虑，对 CRISPR/Cas9 技术应用于人类胚胎的可能性，一线研究人员一直保持着警醒的态度，而我国学者在这一研究方向上的突破性做法，迅速激起了学界和社会的强烈反应。

2015 年 4 月 18 日，我国出版的英文学术期刊《蛋白质与细胞》在线发表了中山大学副教授黄军就等人的研究成果"人类三原核受精卵中 CRISPR/Cas9 介导的基因编辑"。为了探讨基因编辑技术在人类植入前胚胎中应用的效率和脱靶效应，进一步理解人类早期胚胎中的 DNA 修复机制，他们利用 CRISPR/Cas9 技术系统，修改了多个人类三原核受精卵（由一个卵子和两个精子结合的受精卵）中与 β 型地中海贫血症相关的基因。基于研究过程，他们最终得出的结论是，需要更加全面地了解 CRISPR/Cas9 技术在人体细胞中的作用机制，该技术距离临床应用阶段还有很长的距离，其精确程度和特异性还需切实加以改进①。但是，由于这是第一次对人类生殖细胞进行基因编辑尝试，论文甫一发表，就在全球范围内引发了持续的热议，不仅《自然》《科学》等一线科技期刊做了连续的跟进与讨论，各国媒体也密切关注，将这一研究推向了社会舆论关注与质疑的风口浪尖。

为了规避伦理冲突，这项研究采用了试管婴儿临床治疗中废弃的、不能发育为正常人类后代的三原核受精卵进行相关操作，而且相关实验在48小时后终止，论文结尾也特别指出，该项研究遵守了《赫尔辛基宣言》和相关的法律规定，并经中山大学第一附属医院医学伦理委员会审查通过，捐献三原核受精卵的患者也签署了知情同意书。可以说，这些考虑使得研究本身并没有在事实上突破伦理红线，但是，CRISPR/Cas9技术有能力对人类基因组产生永久性的改变，利用这一技术对人类遗传性状进行操纵，已经接近各国社会所能接受的伦理底线。

CRISPR/Cas9技术应用于人类受精卵，其所蕴含的伦理议题主要涉及这样三个层面。

第一，技术安全性问题。人们对CRISPR/Cas9技术作用机制的认识尚不够透彻，特别是对技术应用的安全风险缺乏充分理解。之前在小鼠、牛、羊等哺乳动物和人体细胞中进行的试

---

① LIANG P, XU Y, ZHANG X, et al. CRISPR/Cas9-mediated Gene Editing in Human Tripronuclear Zygotes. *Protein & Cell*, 2015, 6(5): 363-372.

验,都表明技术本身还存在显著的安全隐患。尤其是较为明显的脱靶效应的存在,使得基因编辑操作的精确程度远未达到临床应用上可以接受的水平,更不用说脱靶效应所导致的非预期突变可能带来种种不可控的负面后果。此外,基因编辑带来的遗传结构变化,与其他遗传变异及该生物所处环境会产生怎样的相互作用,是否会产生严重的负面后果,在当前阶段也很难做出有效的预判。正如杜德纳所指出的,当前我们至少能明确的一点是,我们对于这项新技术的能力和局限(特别是利用其创造可遗传的变异时)还缺乏充分了解[①]。因此,在技术安全性得到充分证实之前,任何声称具有伦理正当性的临床应用都是没有意义的。

第二,编辑人类生殖细胞的社会后果,是当前基因编辑技术面临的最为突出的伦理困惑。对于人类体细胞的基因编辑操作,并不会带来遗传性状的改变,而如果基因编辑操作的对象是人类生殖细胞,无论是将会发育成精子、卵子还是胚胎的细胞,有意改变的遗传信息都将无可避免地传递给未来世代,从而使人类基因组产生永久性的改变。经过修改的基因序列,一旦进入人类种群中,其影响范围就不仅是单一的社会群体或者某个国家,而且是人类整体,将对人类整体产生难以逆转的深

---

① DOUDNA J. Perspective: Embryo Editing Needs Scrutiny. *Nature*, 2015, 528(7580): S6-S6.

远影响。特别是 CRISPR/Cas9 技术在辅助生殖领域的应用，进一步使定制化的生命形态成为可能，实现对人类遗传性状的精准控制。这种改写人类遗传编码的方式，使得科研人员有了如同"上帝之手"的能力，在一定程度上能够制定生命的游戏规则。对于研究人员是否有权按照自己的意愿改变人类自然进化过程，让我们走上这样一条"不归路"，即使在科学界内部，各种观点也一直相持不下。一些研究人员更倾向于促进技术快速发展，以推动未来基因治疗方案尽早出现；另一些则主张，为了规避可能出现的伦理争议和社会冲突，有必要在未来一段时间内限制该技术的应用。

第三，人体增强问题。探索 CRISPR/Cas9 技术的初衷是医治疾病，但它还可以走得更远。以治疗疾病为目的的基因编辑操作，与以改善人类遗传性状为目标的基因修饰，二者之间并无明确的分界线。如果接受前一种做法，也就往往难以避免后一种行为，这会直接导向通过基因改良实现人体增强的伦理争议。面对基因干预的可能，德国哲学家哈贝马斯已论证并指出，"非人为安排的生命开始的偶发性，与赋予人类生命道德形态的自由之间是有联系的"[1]，将基因编辑技术用于非医疗目的的改进，会侵犯未来世代为自己制定人生规划的权利，使他

---

[1] HABERMAS J. *The Future of Human Nature*. Oxford: Polity Press, 2003:75.

们无法成为"个人生活史的唯一作者",更将破坏"人与人原本自由和平等的对称关系"。从这个意义上说,过度追求完美而蓄意改变正常人的生理遗传性状,蕴含着对人类生命的傲慢态度,以及对人类尊严的威胁。

除此之外,基因编辑技术的两用性问题也引起了相关人群的关注,这项技术甚至已经被美国情报界列入了"大规模杀伤性与扩散性武器"威胁清单。由于CRISPR/Cas9技术的进入门槛并不高,掌握这一技术体系既不需要花费巨资购置设备,也不需要对操作人员进行长时间高难度的培训,鉴于其所具有的超常能力,如何防范这一技术被滥用或误用(例如制造超级病毒或入侵物种),是科学共同体和决策者需要留意的一个重要议题。

三、伦理规范与监管制度的中外差异

对人类基因编辑技术的监管,事实上涉及两个层面。一是能否允许将CRISPR/Cas9技术运用于人类胚胎;二是临床前研究所用的人类胚胎来源问题,即能否出于研究目的使用捐赠或废弃的胚胎。就第一个层面而言,许多国家已经做出了明确的监管要求。根据日本学者于2014年所做的调查[1],在

---

[1] ARAKI M, ISHII T. International Regulatory Landscape and Integration of Corrective Genome Editing into in Vitro Fertilization. *Reproductive Biology and Endocrinology*, 2014, 12(1): 108.

39个制定了相关政策的国家中,有29个国家禁止对人类生殖细胞进行基因修饰,其中,有25个国家以法律形式给出了禁令,有4个国家(中国、印度、爱尔兰、日本)以政策规范形式给出了禁令。还有1个国家(美国)秉持着相对的限制性约束立场,即虽然没有颁布专门规定明令禁止,但美国食品药品监督管理局和美国国立卫生研究院表示不鼓励修改人类生殖细胞基因的研究项目,美国联邦政府的科研经费暂时也不会对此提供支持①,另外9个国家(俄罗斯、南非等)在这一问题上的态度立场则比较模糊。不过,各国的管理态度还处在调整过程之中。2016年2月,英国人类受精与胚胎学管理局(HFEA)正式批准了该国研究人员提出的在人类胚胎上使用基因编辑技术的实验申请。2019年日本厚生劳动省通过了基因治疗临床研究指导方针方案的修正案,允许在患者体内使用基因编辑技术进行治疗。随着基因编辑技术安全性的提升,限制性立场稍显弱化的国家也很可能会转向更加宽松的管理方向。

就第二个层面来说,出于伦理因素和社会文化背景的考虑,许多国家对提供用于研究目的的人类胚胎都有严格的监管

---

① National Institutes of Health Statement on NIH Funding of Research Using Gene-editing Technologies in Human Embryos.(2015-04-28)[2020-02-16]. https://www.nih.gov/about-nih/who-we-are/nih-director/statements/statement-nih-funding-research-using-gene-editing-technologies-human-embryos.

措施。无论是来源渠道还是使用的规范方式，其他国家的限制性约束往往高于我国相关要求。各国管理政策的差异在一定程度上加深了不同国家在这类研究上的伦理歧见。

虽然我国目前没有专门针对人类基因编辑技术的专门法律，但已陆续出台了相关的管理规范。科技部和卫生部于2003年共同颁布的《人胚胎干细胞研究伦理指导原则》中，就已明确了我国禁止进行生殖性克隆、支持治疗性克隆的立场，并特别要求：（1）利用体外受精、体细胞核移植、单性复制技术或遗传修饰获得的囊胚，其体外培养期限自受精或核移植开始不得超过14天。（2）不得将前款中获得的已用于研究的人囊胚植入人或任何其他动物的生殖系统。（3）不得将人的生殖细胞与其他物种的生殖细胞结合。卫生部于2009年印发的《医疗技术临床应用管理办法》中，将基因治疗技术定义为"第三类医疗技术"，属于"涉及重大伦理问题，安全性、有效性尚需经规范的临床试验研究进一步验证的"医疗技术[1]。不过这一规定仅适用于临床试验，对于基础研究的包容尺度很大，而且似乎没有任何"天花板"加以限制。按照国家卫生计生委2014年《涉及人的生物医学研究伦理审查办法》（征求意见

---

[1]《医疗技术临床应用管理办法》经原国家卫生计生委委主任会议讨论通过，并经国家卫生健康委审核通过，自2018年11月1日起施行。

稿)①，黄军就等于 2015 年发表的研究成果在伦理审查程序上也并没有明显的问题。

从整体上看，我国对待基因编辑技术的管理立场，较之其他不少国家尺度更为宽松，这为我国相关研究的发展提供了更为开放的环境。但更具针对性的伦理规则制定在一定程度上滞后于研究的进展，也使得我们在面对前沿领域的伦理争议时，还缺乏及时和充分的应对能力。

四、面向社会与未来的"负责任研究与创新"

人类基因编辑技术带来的伦理挑战和社会争议，更加凸显了科学共同体和个体科研人员的责任。科学家不仅要为自己行为的直接后果负责，还要顾及自己的行为可能带来的关联性后果，并对技术风险和可能后果进行慎重的思考与讨论，以负责任的态度关护人类社会的未来。与此同时，何种程度的风险是可以接受的，单纯依靠科研人员并不能确保做出可靠的决断，还需要在多方参与的基础上建立起风险评估和伦理审议机制。近年来兴起的"负责任研究与创新"理念，为这一议题提供了值得借鉴的理论洞见。

负责任研究与创新是一个透明的、互动的过程，社会行动者和创新者在此过程中应多方面彼此呼应，充分考虑创新过程

---

① 《涉及人的生物医学研究伦理审查办法》于 2016 年 12 月 1 日起施行。

和潜在市场化产品的（伦理）可接受性、可持续性和社会认同度，使得科技进步以恰当的方式嵌入我们的社会生活[①]。正如2015年年底人类基因编辑国际峰会上所达成的共识："所有利益相关者应一起参与并制定解决方案，在妥善处理社会问题的同时，尽可能使得该技术能够为人类健康谋求福祉。"

负责任研究与创新的行动框架包括四个紧密关联的核心要素，即（1）预测：通过技术预见、技术评估等方式，描述和分析创新行为在经济、社会、环境等方面预期和非预期的影响，促进科研人员关注"如果……会怎样""（研究）还会带来什么"等问题，以更好地理解技术应用可能面临的问题与挑战。（2）反思：行动者对自身行为的目的、动机和潜在影响进行反思，面对技术应用后果的不确定性和风险，将伦理评价的视角纳入研究过程中。（3）审议：通过对话、参与、辩论等形式来实现民主审议，听取社会公众和其他利益相关者的观点，进而基于更为广泛的视角重新界定问题并识别潜在的争议领域。（4）反馈：通过有效的审议机制和预期性治理，通过反复的、包容的、开放的适应性学习过程，设定更加稳健的创新方向和创新节奏。

[①] VON SCHOMBERG R. Prospects for Technology Assessment in a Framework of Responsible Research and Innovation// DUSSELDORP M, RICHARD B. *Technikfolgen abschätzen lehren*. Wiesbaden: VS Verlag für Sozialwissenschaften, 2012: 39-61.

站在负责任研究与创新的视角来看，统合社会相关群体的关注，深化科研人员的责任意识，建立起更加切实的伦理管理体系，使生命科学前沿研究在规范下开展，是我们推动基因编辑技术持续稳健发展的必然选择。

第四章

科技伦理问题与政策

20世纪70年代,随着生命科学研究中的伦理问题越来越受到关注,相关的讨论逐渐兴起,并形成相关的伦理规范、政策和监管体制。不同个体、各利益团体会基于自己的立场做出倾向性选择。在一个国家或社会中,不同个体基于各自的宗教信仰、社会背景、受教育程度、现实需求等而有不同的伦理态度和选择,使相应的科技伦理问题的讨论也形成了不同方向。为了引导科技发展,一定的政策、法律和体制约束非常必要。

第一节 伦理争议及其对政策的影响
——以干细胞研究和应用为例

近年来,干细胞研究以其重大的生物医学意义与商业前景,在世界范围内引起了研究与应用的热潮,基础研究和临床研究及试验均发展迅速。但是干细胞研究本身的伦理敏感性从一开始就是干细胞研究备受争议的关键原因,也是各国政府和相关国际组织制定干细胞研究政策、规范时所考虑的重要因素。目前,国际上并无关于是否应该以及如何开展干细胞研究,特别是人类胚胎干细胞研究的共识。科学界、科研管理部门、资助机构、应用机构、媒体、社会公众关于"干细胞研究的伦理标准的底线到底在哪里"的讨论也一直没有停止。不同国家对于干细胞研究的管理,除了在禁止制造克隆人这一点上达成基本的共识外,对其余研究的开放范围不尽相同,管理政策也并不一致。

干细胞研究和应用的伦理问题无疑是影响干细胞领域发展的重要问题。但我们不能孤立地看待伦理问题，并简单地认为，伦理争议直接影响了政策的形成和变化。我们需要从更大视域分析多个国家和地区对干细胞研究的规制及其缘由。从干细胞研究发展中，我们不仅可以看到干细胞研究对现有价值观的冲击，以及由此产生的争议及这些伦理争议施加于政策的影响，还需要看到，伦理观念差异等因素引发的不同利益团体之间的博弈如何在现有政治体制下对干细胞研究管理模式形成推动。干细胞研究与应用中的伦理、社会问题影响了干细胞领域的政策；政策反过来也对干细胞研究产生了重要的影响，特别是干细胞研究政策特有的模糊性、不稳定性和不确定性，以及不同国家和地区政策的差异性，更是加重了这种影响。本节尝试从伦理的视角来看伦理争议对干细胞研究政策产生了怎样的影响，分析这些影响是如何发生的，并探讨政策变化又对干细胞领域的发展产生了怎样的作用。

一、干细胞研究的伦理争议

干细胞是一种尚未特化的多能细胞，存在于胚胎、胎儿组织、脐带血、某些成人组织中，具有自我繁殖能力，及分化发展出各种特化细胞、组织与器官的潜能。干细胞技术的应用对于衰退性疾病和损伤性疾病患者来说是莫大的福音。

虽然可以预见，干细胞研究肯定会大幅增进科学家对于生命以及威胁生命的各种疾病的了解，进而带动生命科学和医疗技术的发展；但是，干细胞研究却从一开始就引起了广泛的争议，支持者与反对者之间的伦理争议持续不断，并深切影响了各国的政策走向。

1. 干细胞研究与社会伦理观念的冲突

干细胞研究的伦理问题及其争论，是干细胞研究过程、应用结果所可能带来的后果与社会既有的伦理观念、准则相冲突的产物。在干细胞研究中，人类胚胎干细胞研究及其临床转化所引起的伦理争议最大。这主要源于胚胎干细胞的获取过程。由于获取胚胎干细胞的过程会破坏胚胎，由此引出对生命尊严和胚胎伦理地位的讨论，构成了相关研究所面临的主要伦理压力。支持或反对胚胎干细胞研究的主要分歧在于：是将胚胎视为一个人（或潜在的生命），还是一团可供研究使用的细胞？其中涉及三个逐层递进的问题：一是胚胎是否为"人"的界定问题，二是何为"人"的判定问题，三是破坏胚胎是否为"杀人"的伦理和法律问题。这些问题与各个国家的文化、宗教、民间习俗等有很大关系，而且社会对人的理解本身也在不断变化，因此对这些问题难以有一致的回答。

胚胎来源是干细胞研究的另一个伦理争议点。用于研究的人类胚胎干细胞就其来源而言，有以下几种：体外受精时多余的配子或囊胚、自然或自愿选择流产的胎儿细胞、体细胞核移植技术所获得的囊胚和单性分裂囊胚、自愿捐献的生殖细胞、以研究为目的制造的胚胎，等等。不同来源的胚胎干细胞的伦理敏感度不同。除了使用自然流产的胎儿细胞或人工受精后的剩余胚胎之外，是否可以运用体外受精技术等制造胚胎？是否可以利用无性生殖技术复制出胚胎以供研究？如果这些都可以的话，那么是否可以允许制造克隆人？这是一个渐进式的问题串。一旦一步步地放开许可，其伦理尺度也将越来越大。由此，人们不禁对干细胞技术的未来发展充满担忧。

而围绕干细胞研究及应用的伦理争议，并不是一个新出现的孤立事件。事实上，它是一个"延续式"的讨论：早在堕胎、人工受精、克隆出现时，相关的讨论就已经开始了[1]。由于它们都牵涉到对胚胎地位的看法，因此早期堕胎议题辩论的观点很自然地延伸到后来人工受精、克隆以及胚胎干细胞研究上来。反对者的理由一直以来也没有大的变化，主要集中于谋杀潜在生命、将人工具化、削弱人类尊严等。支持者则认为早期胚胎缺乏神经系统及感觉，怀孕初期终止妊娠或者为了科学研

---

[1] DAVIS J J. Human Embryos, "Twinning," and Public Policy. *Ethics & Medicine*, 2004, 20(2): 35.

究、医学治疗使用早期胚胎是可以接受的,力图使争议脱离道德层面进入研究和医疗层面。

2. 具体社会情境中的干细胞研究伦理争议

干细胞尤其是胚胎干细胞研究巨大的伦理争议已经成为影响干细胞领域发展的一个重要因素,而且,在具体的社会情境下,干细胞研究伦理争议还会面临更加复杂的局面。在一个国家、地区,虽然会有一定的、一致的文化传统维系着社群内不同的个体,但不同个体在面对同一个问题时,并不一定表现出一致的看法,他们可能会基于自己的立场表现出不同的态度,从而分化出不同的群体。

社会通常对干细胞研究成果有强烈的需求。对于不少患上衰退性不治之症的病人来说,干细胞研究甚至被视为重获健康及活动能力的唯一希望。面对干细胞研究,人对自身健康的祈望可能会影响其伦理观念和选择。前文论及的"黄禹锡事件"中的一个现象可以特别好地阐释这一问题。

"黄禹锡事件"的起点是对卵子来源的伦理质疑,这一质疑虽然在学界、社会上引起了一些关注,但在当时却并不足以动摇黄禹锡在韩国的地位,韩国媒体在事件开始时一边倒地支持黄禹锡,韩国社会也并没有将事件中的伦理问题置于至高地位。直至"造假"一事被曝光,才掀起了轩然大波。韩国的社会舆论话锋急转直下，曾对研究寄予极大期望的公众感觉遭到了欺骗，而病患们更是感到希望破灭。事件最终导致黄禹锡被拉下马。

值得注意的还有，直至黄禹锡被拉下马来，韩国社会和媒体对于专门讨论与"黄禹锡事件"相关的各类问题的会议，以及加强科学家伦理学教育的社会运动仍缺乏关注的兴趣[1]。干细胞研究与很多既有的社会伦理观念存在冲突，这使得干细胞研究充满伦理争议。但是，社会对干细胞研究成果有强烈的现实需求，支持干细胞研究的人可选择以此作为干细胞研究在道德层面正当的理由，或直接忽视伦理问题。无论是集体还是个人，当需要做出决定时，都会基于自己的立场而做出某种倾向性选择。这一点在干细胞研究政策的形成过程中有更加鲜明的体现。

二、伦理争议对干细胞研究政策的影响

如前所述，目前国际上并无关于是否应该以及如何开展干细胞研究的共识。各国对于胚胎及胚胎干细胞研究的政策和管理各不相同，大致可归纳成以下五种：（1）禁止所有胚胎及胚胎干细胞研究，例如奥地利、爱尔兰、波兰；（2）允许使用现

---

[1] 宋尚勇. 干细胞研究的伦理学——韩国黄禹锡丑闻的教训. 滕月, 译, 中国医学伦理学, 2007(2): 11–13.

存胚胎干细胞株进行研究，但禁止胚胎研究，例如德国、意大利；（3）允许使用生殖用剩余胚胎进行研究，例如丹麦、加拿大；（4）允许使用生殖用剩余胚胎，及以体细胞核移植技术制造研究用胚胎进行研究，例如韩国、瑞典、印度、以色列、澳大利亚、中国；（5）允许使用生殖用剩余胚胎、以体细胞核移植技术制造研究用胚胎，及以体外受精技术制造研究用胚胎进行研究，例如英国、新加坡。

此外，在一个国家或地区内，不同群体的看法也存在差异。干细胞研究过程和结果与现有社会道德观念、文化传统的冲突所形成的伦理问题，经常被认为是影响干细胞研究政策的直接因素。然而，实际政策的制定以及演变过程要复杂得多。政策的制定需要不同利益团体之间争论、协商，各利益团体的力量对比以及为此所付出的努力影响了最终的角力结果。而这个结果仍是一个动态平衡。如果其中的力量平衡被打破，很可能又会产生新的结果。

具体而言，一个国家或地区的干细胞研究政策往往不是一成不变的。一方面，社会中总是存在一定的意见分歧，当某一意见占据优势地位时，就可能会左右政策的变化；另一方面，观念也会随着形势发生变化，由此政策也可能会有所调整。在这方面表现最为典型的就是美国的干细胞研究政策。

1995年，共和党主导的美国国会曾立法禁止联邦经费资助任何会导致胚胎被毁的研究，这就是自1996财政年度添加到卫生与公众服务部每年拨款法案的附文——著名的《迪基-威克修正案》(Dickey-Wicker Amendment)。到了1999年，克林顿政府表示胚胎干细胞研究并不在此法案禁止的范围内，其理由是"已与胚胎分离"的干细胞既不是胚胎也不是人，而对这些已存在的细胞进行研究也并不会"导致"胚胎被毁。2000年8月，克林顿政府采取政策，允许联邦经费支持人类胚胎干细胞研究，包括研究新的人类胚胎干细胞系。但是该政策将从胚胎中抽取干细胞的"杀人"工作交给了私人部门，而将研究"已与胚胎分离"的干细胞的工作交给了"道德的"公共部门研究者。这种奇怪的管制措施仅见于美国，显示出克林顿政府对"保护生命团体"的政治妥协[①]。

然而，在所有经费开始资助之前，小布什政府就搁置了这一政策。小布什在竞选总统时，为争取保守派的支持，保证当选后绝不让纳税人的钱用于支持摧毁人的胚胎研究。2001年8月，小布什发表他就任美国总统以来的第一个电视讲话，宣布限制联邦经费资助人类胚胎干细胞研究的新政策，限定接受联邦经费资助的研究者只能对"已与胚胎分离"的六十几条干细

---

① 陈宜中. 胚胎干细胞研究的伦理争议. 科学发展，2002 (6)：4-11.

胞株进行研究。因为这些干细胞株是在小布什新政策生效之前分离出来的，所以"既往不咎"。此外，就算私人研究机构在未来几年有了新的发现——如培养出新的干细胞株，受联邦经费资助的研究者也不得对其进行研究，因为这是在新政策生效以后靠摧毁胚胎得来的新发现。此举显然限制了干细胞研究者开展研究，但是六十几条干细胞株也可以让受联邦经费资助的科学家们忙活好几年，而且私人研究机构的胚胎干细胞抽取与研究还在照常进行。所以，这一新政策并不是对干细胞研究的封杀，它与"保护生命团体"所要求的全面禁止仍有一大段距离，但不能不说是对这股力量的再次让步，有着强烈的政治上的象征意义[①]。

2009年3月9日，奥巴马签署行政命令，宣布解除对联邦政府资金支持胚胎干细胞研究的限制。奥巴马在签署命令前表示：科学家认为，胚胎干细胞有助于了解甚至治愈一些严重疾病，其潜力尽管还不完全为人所知，但绝不应低估。奥巴马说，大多数美国人认为应该进行胚胎干细胞研究，在适当的指导方针和严密监管下，胚胎干细胞研究可能带来的危险可以避免。这是对干细胞研究持开放态度人士的意见占据优势以及在新的价值判断下政策再次变化的一个显证。即便政府如此强调

---

① 陈宜中. 胚胎干细胞研究的伦理争议. 科学发展，2002（6）：4–11.

干细胞研究的广阔前景，但是在现有的医疗体系中，并不能够保证胚胎干细胞研究的利益得到公平分配[1]。所谓的利益问题仍没有好的处理机制。

三、干细胞研究政策对干细胞领域发展的影响

　　干细胞研究所引发的伦理争议直接导致了一个阴晴不定的政策环境。在美国，科学家们已经经历了几次人类胚胎干细胞研究政策的变动。这种政策环境对科学家的一个重要影响是，可能干扰或者打断科学家的研究。在小布什当政期间，虽然一些州支持干细胞研究，可以为那些受到联邦经费资助限制的科学家提供变通方案，但这些支持干细胞研究的计划，还是受到了法律的挑战和国家财政预算的困扰。比如加利福尼亚州的干细胞计划被诉讼延迟了将近两年半的时间，迫使科学家考虑启动新的干细胞研究项目或者转至其他机构。而奥巴马政府的新政策看起来是大松绑，解除了资助限制，鼓励科学家在研究中使用人类胚胎干细胞；但是，在小布什政府时期可以申请联邦经费资助的有限人类胚胎干细胞系并不在注册名单里面，而是

---

[1] National Research Council. *Final Report of the National Academies' Human Embryonic Stem Cell Research Advisory Committee and 2010 Amendments to the National Academies' Guidelines for Human Embryonic Stem Cell Research*. Washington, D.C.: National Academies Press, 2010[2020-02-01].http://www.nap.edu/catalog.php?record_id=12923.

需要重新评估。因此在新政策发布后几个月的时间里，一些科学家被置于一个尴尬的位置——不得不推延项目，直到他们的首选细胞系被批准，或者转向其他细胞系，或者推延项目并优化实验方法①。

在这个过程中的一个著名事件是，2010年8月23日，哥伦比亚特区联邦地区法院法官罗伊斯·兰伯思（Royce Lamberth）做出了一项裁决：以破坏人类胚胎为由禁止联邦经费资助人类胚胎干细胞研究。尽管这只是一项临时的禁令，但依旧引起巨大反响。这一裁决导致美国国立卫生研究院推迟对人类胚胎干细胞研究计划的资助、审查和对新的人类胚胎干细胞系的评估。之后，奥巴马政府就地区法院法官颁布的胚胎干细胞研究临时禁令提起上诉。2010年9月9日，哥伦比亚特区联邦巡回上诉法院撤销了这一临时禁令，允许国立卫生研究院继续资助人类胚胎干细胞研究。但在这一结果出来之前，人们并不能预知事件的最终结果和需要耗费的时间。一些科学家不得不每天查看新闻，以确定自己的研究是否合法。而上诉法院最终的裁决也仍然未就这一案件的核心问题——联邦经费资助胚胎干细胞研究是否违法（违反《迪

---

① LEVINE A D. Policy Uncertainty and the Conduct of Stem Cell Research. *Cell Stem Cell*, 2011, 8(2): 132-135.

基-威克修正案》)——做出裁决。可以预见,未来相关的争议和政策变动仍有可能发生,而对其中一些研究干细胞的科学家来说,这就像一颗不定时的炸弹。这种情况的出现显然与美国的国家结构和政府形态有关。在联邦制及总统制下,行政权、立法权、司法权三权分散到联邦和各州政府、国会和各州议会,以及各级法院。干细胞研究支持者和反对者需要在不同层级、不同部门、不同地区发挥影响力,联邦政府无法完全主导干细胞研究政策。

阿伦·D.莱文(Aaron D. Levine)于 2011 年就美国的政策对干细胞研究的影响进行了实证研究,对临时禁令的影响以及人类胚胎干细胞研究联邦经费资助的不确定性进行评估[1]。他调查了美国 370 位从事干细胞研究工作的科学家。这些科学家主要分为三类:第一类是在研究中使用人类胚胎干细胞的科学家;第二类是在研究中不使用人类胚胎干细胞但使用人类干细胞,包括多能干细胞、非人类胚胎干细胞和非人类多能干细胞的科学家;第三类是在研究中只使用非多能干细胞的科学家。调查数据显示,罗伊斯·兰伯思的裁决和持续的不确定性已经对科学家产生了重要影响,这种负面影响已经不局限于从事人类胚胎干细胞研究工作的科学家,而是

---

[1] LEVINE A D. Policy Uncertainty and the Conduct of Stem Cell Research. *Cell Stem Cell*, 2011, 8(2): 132-135.

影响了一大群从事干细胞研究工作的科学家。在表示受到临时禁令影响的科学家中，从事人类胚胎干细胞研究工作的科学家占比最大。但是，41%的不使用人类胚胎干细胞的科学家也表示受到临时禁令的影响，其中的13%表示这种影响是中度的或者重度的。特别地，在50位表示受到临时禁令影响并对影响做了具体描述的、从事非人类胚胎干细胞研究工作的科学家中，认为有负面影响的显然比罗伊斯·兰伯思在他的裁决中所预期的要多得多。

为了更好地理解这种影响的性质，阿伦·D.莱文对明确受政策不确定性影响的235位科学家进行了分析。在被提及最多的10项影响中，很多与科学家的研究工作直接相关，比如改变了他们在研究中所使用的干细胞的类型。50位被调查者提及了最为普遍的影响：影响了人类胚胎干细胞研究的进度或使新的人类胚胎干细胞研究计划被搁置。认为有影响的被调查者中，有超过80%的人现在并不从事人类胚胎干细胞研究工作，但是他们正在考虑在研究中使用人类胚胎干细胞。由于受到持续不确定性的影响，有34位科学家表示将要离开人类胚胎干细胞研究领域或者减少对这一研究的依赖。有24位科学家指出，持续的政策不确定性使得他们很难在招聘、招生等方面做长期计划，如招聘博士后研究人员、技术人员，招收研究生。一小部分科学家指出，持续的不确定性使得他们考虑转到其他更加有利的研究环境去。同时，几乎没有证据表明研究非人类胚胎干细胞的科学家从这种政策的不确定性中获益。在87位研究非人类胚胎干细胞的科学家中，只有4位在开放式问题中描述了他们的收益：获得资助的机会增加了。与此相反，有6位科学家描述了负面影响，比如竞争更激烈（从事人类胚胎干细胞研究工作的科学家可能转向非人类胚胎干细胞研究），或者不同类干细胞研究之间产生溢出效应。而且很多研究非人类胚胎干细胞的科学家描述了其他的负面影响，比如妨碍合作，使未来研究计划被迫变动等。

  这种阴晴不定的政策环境的另一重要影响，则是给整个干细胞研究领域的发展前景蒙上一层阴影。频繁变动的政策对研究的投资、研究队伍的稳定、研究的产出都产生了影响。同时，它也可能会使社会和公众对干细胞研究产生更多的不信任感。当然，这种由于争议而产生的变动也给公众参与科技决策提供了空间。在这一方面，英国提供了一个很好的例子。2007年4月，英国人类受精与胚胎学管理局在审议嵌合体研究的政策方向时，便认为需要"开展充分的公众咨询，探讨可能的社会与伦理问题"，并因此组织了为期3个月、有2000多人参与的公众咨询活动[1]。活动中有61%的受众表达

---

[1] Human Fertilisation and Embryology Authority. Hybrids and ChimeraS: A Report on the Findings of the Consultation.[2020-02-01]. https://sciencewise.org.uk/wp-content/uploads/2018/08/Hybrid-Chimera-Embryos-Report.pdf.

了支持意见，人类受精与胚胎学管理局随后做出了支持这类研究的决定①。虽然公众参与有助于解决政策层面面临的伦理道德压力，但是它还难以为法律、政策障碍的清除提供强大的助力。

四、讨论

目前，各国科学家、管理部门都在尽力回避干细胞研究容易引发伦理争议的"红色区域"，或者试图通过内在自律与外在他律两个层面将干细胞研究伦理制度化，从而在操作层面上使干细胞的每一步实验设计和临床应用，都尽可能地符合规范准则和政策程序。然而，由于干细胞研究本身的伦理敏感性难以消除，未来稳定的干细胞研究政策仍难以实现，干细胞领域发展的不确定性仍难以避免。

与美英等国家相比，中国的干细胞研究有特殊的伦理环境。通过对科学家、医生、媒体、公众等群体的分析，我们发现，中国社会中并没有强烈的伦理争议，这使得中国形成了一个半支持的特殊环境。但是目前我们可以看到，我国的干细胞治疗出现了"乱象"，在管理上，无论是法律、政策还是行政管理都处于"半真空"状态。因此，对于中国来说，如果宏观

---

① HOPKIN M. Britain Gets Hybrid Embryo Go-ahead. *Nature*, 2007-09-05[2020-02-01]. https://www.nature.com/news/2007/070903/full/070903-12.html.

上支持干细胞研究,那么抓住目前伦理环境处于"半真空"状态的契机,尽快提供清晰的法律基础和更加细化的实施细则,使研究和管理都能够"照章行事",尽快使研究和应用规范化,对促进干细胞领域发展来说会更加有利。

第二节　科学研究伦理规范和政策的形成
——以英国人类胚胎研究为例

伦理问题是影响生命科学领域发展的关键问题。20世纪70年代，随着生命科学研究中的伦理问题越来越受到关注，相关的讨论逐渐兴起，并形成相关的伦理规范、政策和监管体制。不同个体、各利益团体会基于自己的立场做出倾向性选择。在一个国家或社会中，不同个体基于各自的宗教信仰、社会背景、受教育程度、现实需求等而有不同的伦理态度和选择，使相应的科技伦理问题的讨论也形成了不同方向。为了引导科技发展，一定的政策、法律和体制约束非常必要。那么一项具体的科学研究伦理规范或政策是如何形成的呢？

英国人类胚胎研究的伦理争议和政策、法律的形成是这方面研究的一个很好的切入点。以英国人类胚胎研究伦理规制形成为例，可以解析在一个具体的社会情境中，支持和反对研究的相关群体如何秉持不同的伦理观点，通过组织、法律、政策等层面的努力，推动人类胚胎研究伦理监管政策和制度形成。诸如胚胎研究这样的生命科学前沿探索，触及社会既有的伦理观念和管理规范，其政策和法律层面的伦理监管的形成，是道德层面妥协和社会层面协商的结果。

一、人类胚胎研究的伦理争议及争议背后的哲学和伦理问题

一直以来，有关人类胚胎研究的伦理讨论都非常激烈。这与人类胚胎研究本身的特殊性密切相关。从科学研究的角度来看，随着研究的进展，我们关于人类早期发育的科学认识虽然已经有了长足的进展，但总体而言仍是非常有限的，通过其他物种的胚胎发育来了解人类胚胎发育还远远不够，一些人称胚胎发育为"人类发育的黑匣子"[1]。研究人员期望能够打开这个黑匣子，观察和研究胚胎的早期发育，进一步了解出生缺陷的遗传和环境因素。

然而，纵然胚胎研究具有很高的科学价值和广阔的研究前景，但正如我们在前文讨论胚胎干细胞的伦理争议时已提到的，由于在胚胎研究过程中，胚胎会遭到破坏，这就引出了对

---

[1] CONNOR S. Inside the 'Black Box' of Human Development. *The Guardian*. 2016-06-05[2020-03-13]. https://www.theguardian.com/science/2016/jun/05/human-developmentivf-embryos-14-day-legal-limit-extend-inside-black-box.

生命尊严和胚胎伦理地位，以及相关的胚胎来源和用途的争论。这些争论成为当前胚胎研究所面临的主要伦理压力。

英国是讨论胚胎研究及政策的一个很好的切入点。英国在胚胎研究方面相对来说步子比较大，但相关法律规范也十分严格。在英国，在胚胎研究的发展以及胚胎政策和法律的制定过程中，有关胚胎研究的伦理讨论始终非常激烈。其中，对胚胎研究持反对意见的主要是保守势力，如"保护未出生婴儿协会"、反对堕胎团体LIFE、天主教等。反对者攻击的重点集中于伦理问题——该研究忽略人权、会因滑坡效应而开启更多不道德的研究，等等。例如，"保护未出生婴儿协会"将胚胎研究与堕胎联系起来，认为这种研究是摧毁潜在生命的行为。保守势力对科学家计算使用胚胎的成本与研究带来的效益感到非常不安，将之与第二次世界大战中纳粹对人所做的残忍研究、著名的恐怖科幻电影情节相比。

在科技水平达不到开展独立的胚胎研究的时候，很多问题还不成其为问题。而当科技进步到可以开展独立的胚胎研究的时候，研究的倡导者就需要证明，为什么需要破坏胚胎的研究应该被允许。这里，核心的问题是胚胎的道德地位。当下，胚胎的道德地位和法律地位缺乏一致性，这也可以折射胚胎道德地位的复杂性。如果某物具有道德地位，那么它就要求我们予以尊重，重视它的需求、利益或福祉。有道德地位意味着它是我们道德共同体的一员，我们有义务这样做，这不仅是因为保护它可能有利于我们自己或其他人，而且因为它的需要本身就具有道义上的正当性。①

然而，如何判定道德地位是一个难题。人类通常被认为具有道德地位，拥有道德地位需要具备怎样的特征？人类道德地位的获得取决于什么？一个实体属于人类是否就足以获得同等的道德地位？对此，有很多分歧。人们通常认为，道德地位应取决于内在属性②。比如佩尔松（Ingmar Persson）提出，"人的特殊内在价值在于，大多数人都是具有先进精神力量——如自我意识和理性——的人"③。胚胎不具备这种"先进精神力量"，因此，虽然难以判定胚胎的道德地位，但可以说，胚胎的道德地位应有异于人。

我们来进一步看胚胎的道德价值。道德价值是一个弱于道德地位的概念，有道德价值的东西不一定有道德地位。一些特征可能足以体现道德价值，但不会使其拥有道德地位。道德价值是主观的，不需要以实体的内在属性为基础。胚胎作为一种

---

① BORTOLOTTI L. Disputes over Moral Status: Philosophy and Science in the Future of Bioethics. *Health Care Analysis*, 2007, 15(2): 153-158.
② HARMAN E. Sacred Mountains and Beloved Fetuses: Can Loving or Worshipping Something Give It Moral Status?. *Philosophical Studies*, 2007, 133(1): 55-81.
③ PERSSON I. Two Claims About Potential Human Beings. *Bioethics*, 2003, 17(5-6): 503-517.

稀缺资源，具有重要的道德价值。但因其道德价值异于人，所以道德地位也不同于人。我们尝试用渐进论来分析胚胎的道德地位——胚胎的道德价值是否可以随着其生物发育而增加？在渐进论的基础上，是否可以允许将胚胎的价值与其他考虑因素相权衡，分析胚胎的道德地位可否嵌入伦理、科学等多种考量，允许不同的立场之间达成妥协？爱尔兰生物伦理委员会即认为："胚胎的道德地位可以作为一种绝对的、'非开即关'情况来讨论，也可以用渐进的方式来看待。在后一种情况下，胚胎拥有道德价值不一定等同于拥有完全的道德地位……委员会采取了渐进主义的立场，认为人类胚胎拥有重要的道德价值，但并不拥有完全的道德价值。人们认为它们所拥有的道德价值是基于对它们发展成为人的潜力的认识，以及它们从代表人类早期生活中获得的价值。"[①] 至于是否有政治意愿考虑对胚胎研究进行限制，则一定程度上取决于这一领域的伦理辩论是否能够达成妥协，以及立法进行全面审查是否在政治及决策上有利。

二、胚胎研究的伦理与政策和法律规制

科技的进步使社会不得不面对和解决诸如是否允许胚胎研究这样的问题。比起踟蹰不前或者无所作为，"务实"的做法

[①] House of Commons Science and Technology Committee. Human Reproductive Technologies and the Law: Fifth Report of Session 2004–05.(2005-03-24)[2020-03-13]. https://publications.parliament.uk/pa/cm200405/cmselect/cmsctech/7/7i.pdf.

无疑更可取，当然"务实"也有不同的选择——禁止所有胚胎研究，或者允许在规定的情况下、在规定目的的有限范围内进行研究。

在英国，1990年《人类受精与胚胎学法案》颁布之前，没有法律禁止胚胎研究，地方研究伦理委员会也还未普遍成立。1982年，英国政府成立的沃诺克委员会（Warnock Committee），召集医生、科学家、卫生组织、宗教团体等各类成员参与其中，研讨人类受精和胚胎学技术面临的伦理挑战和应对措施。沃诺克委员会即表述了务实的观点："委员会工作考虑的核心……是人们个人认为合理的，甚至道德上正确的，和最有可能被接受的公共政策之间的区别……我们一次又一次地发现自己并没有区分什么是对的、什么是错的，而是区分什么是可接受的、什么是不可接受的。"[1]自沃诺克委员会成立以来，英国胚胎研究立法者的一个出发点就是"对辅助生殖技术和体外胚胎使用的规定可以为公众所接受"[2]。1990年，当前述法案被提交给议员们时，议员们选择了立法规定胚胎在"原胚条出现后"不能保存或使用。

可以看到，"可接受"实际上是将胚胎的道德价值多元化，

---

[1] FRANKLIN S, ROBERTS C. *Born and Made: An Ethnography of Preimplantation Genetic Diagnosis*. New Jersey: Princeton University Press, 2006: 5.

[2] CALLUS T. Patient Perception of the Human Fertilisation and Embryology Authority. *Medical Law Review*, 2007, 15(1): 62-85.

区分"生殖"功能和"研究"功能，前者对应于"生命的神圣性"，后者对应于允许促进生物技术研究发展，即将生殖活动和研究活动做"概念上的分离"。这里，研究又被进一步区分为研究目的和治疗目的，显然，用于治疗在道德上比用于进行基础研究更有说服力。而对胚胎的尊重原则，体现在对操作的严格监管以及对研究时段的限制上，任何涉及生产或者胚胎使用的行为都要纳入管辖范围。沃诺克委员会和议会最终多数成员赞成允许胚胎研究，赞成的前提即是监管。最后成文的一个限制是14天规则，即人类胚胎研究必须在受精后的14天内结束，因为原胚条在胚胎早期发育的第14天开始出现。之所以选择用一个确切天数作标准，是考虑到，如果对研究的限制是根据胚胎的发育阶段或感受疼痛的能力来设定的，那么这些限制可能会引起争议；而如果限制是以天为单位，就只是一个简单的计算问题，这样法律规制就非常清晰了[①]。

  英国进入政策和法律规制中的14天规则，实际上并不涉及是否应尊重人类胚胎的问题。这实际上是为了达成共识而做的让步和妥协，其目的是平衡各方的利益。妥协是承认分歧，妥协的目的是让各方走到一起，继续前行。从中，我们也可以

---

① Nuffield Council on Bioethics. Human Embryo Culture: Discussions Concerning the Statutory Time Limit for Maintaining Human Embryos in Culture in the Light of Some Recent Scientific Developments 2007. [2020-03-13]. https://www.nuffieldbioethics.org/wp-content/uploads/Human-Embryo-Culture-web-FINAL.pdf.

看到伦理只是胚胎研究政策决策的一个方面,能够找到折中办法,也是因为胚胎在道德地位、道德价值的问题上存在不确定性。

三、英国的政策和法律实践与社会协商

在英国,胚胎研究的反对者以保护未出生孩子的权利、维护家庭价值等作为理由(与之前英国堕胎法改革时相同)在议会大力游说,强调胎儿是一个完整的人,有其法律和道德地位,并不是支持研究的人所说的一群细胞。持支持意见的则包括科学家、医疗机构、科研资助机构、病人等,其代表团体主要包括医学研究委员会、医学界联盟、病人权益团体等。其中病人权益团体主要有帕金森协会(Parkinson Society)、基因利益团体(Genetics Interest Group)[①]。

反对者与支持者角力的核心途径,是通过议会立法来禁止或支持相关的研究。支持者采取了下列方式来影响议会议员和公众,力图推进研究。

(1)设立监督机构——获取信任

1984年年底,原为保守党议会议员的伊诺克·鲍威尔(Enoch Powell)提出了《保护未出生婴儿法案》(*Unborn Children Protection Bill*,又称"Powell法案"),欲全面禁止

---

① 陈勋慧. 英美干细胞研究之政治分析. 台北:台湾政治大学,2007.

胚胎研究。这个法案于 1985 年 2 月在议会二读时获得多数议员的支持（238 票赞成，66 票反对），但最后因缺乏保守党政府的支持而未能通过。该法案得到多数议员支持的原因之一是学界一开始并不希望有外部监督机构，而这加重了人们的担忧。由于胚胎研究有被全面禁止的可能性，支持体外受精技术和胚胎研究的医学研究委员会和皇家妇产科学院于 1985 年 3 月成立了人类体外受精与胚胎学自愿性授权机构（The Voluntary Licensing Authority for Human in Vitro Fertilisation and Embryology）。该机构提供执行体外受精技术及胚胎研究的准则，授权研究进行并给予外部监督。当年 11 月，该机构颁发了第一张允许胚胎研究的执照。具体的操作程序是：医生或研究者在向自愿性授权机构提出任何治疗或研究计划授权申请之前，必须先得到地方伦理委员会的同意。这一程序有助于让公众确信，治疗或研究将维护社会及病人的利益，同时也让医生和研究者免受公众压力。

（2）组成联盟——增强力量

与反对研究的强大的保守力量相比，支持胚胎研究的群体一开始并没有形成一个强有力的团体。面对《保护未出生婴儿法案》这样强有力的威胁，支持研究的议会议员、科学家、病人权益团体在该法案提出之后也开始组织起来，与自愿性授权机构及《自然》期刊合作，使得对议会的游说力量大增。

（3）扩大科普宣传——增进了解

从英国的情况来看，在科技政策立法过程中，除了一般政治人物外，有专业知识的人士也有影响大众及立法的能力，他们所具备的专业知识使其成为相关政策制定过程中的重要角色。他们承担了向公众普及知识的责任，在政策形成与执行的过程中显得非常活跃。他们建立了胚胎发展二阶段论：前胚胎（pre-embryo）和胚胎，用前胚胎来代表受精后14天内的细胞状态，以减少反对者将胚胎与人的意象相联系，缓和道德层面的冲击，力图使辩论主轴脱离道德层面，进入医学治疗层面[1]。

综合来看，英国胚胎研究的推进得益于很多方面。从宏观管理的层面来看，政府对生物技术的发展持基本支持的态度。从组织的层面来看，科学界、议会议员等多方组织起来，增强了支持方的力量。从观念的层面来看，支持者利用"前胚胎"概念来避开道德问题，同时强调研究对健康的意义。从规范的层面来看，支持者声明研究将遵守伦理准则，并接受监督。因此，英国社会能够对研究有足够的了解和信任，并对研究带来的利益存有期望。反观反对研究的群体，他们自反对堕胎法改革开始，就一直强调道德论，逐渐失去对媒体、公众的吸引力。

---

[1] 陈勋慧. 英美干细胞研究之政治分析. 台北：台湾政治大学，2007.

1997年，有关克隆人的问题引起公众广泛的担忧。为了化解公众的担忧，同时也考虑到体细胞核移植技术可以解决免疫排斥问题，相关研究具有推进的价值，英国政府成立了咨询小组审查是否需要修改1990年通过的《人类受精与胚胎学法案》，重新审视干细胞研究的发展前景、胚胎干细胞的替代方案和克隆问题。其中的一个核心问题是：新的研究是否在已有法律（《人类受精与胚胎学法案》）的约束范围之内。反对者认为使用体细胞核移植技术制造的胚胎不在已有法律的约束范围之内，现行法律的漏洞将使得英国可以制造克隆人。而支持者除了强调研究的经济价值，还特别强调英国已有规范的作用。

英国政府最终采取的策略是修改《人类受精与胚胎学法案》而不是另立新法，用法令文件的形式让议会同意体细胞核移植技术研究只是扩大现存法规架构①，并于2001年通过《人类受精与胚胎学法（研究目的）规则》(Human Fertilisation and Embryology [Research Purposes] Regulations 2001)，该规则于当年1月31日生效。这个规则增加了对3个研究目标的授权：增进对胚胎发育的认识，增进对严重疾病的认识，增进对重大疾病治疗的认识。这个规则使得具有争议的胚胎干细胞研究得到法律的正式允许。规则还允许胚胎干细胞研究使用体

---

① 《人类受精与胚胎学法案》在此之后又经过几次修订。2015年，英国议会批准了《人类受精与胚胎学法案（2008）》的修正案。

外受精技术和体细胞核移植技术制造的胚胎,但其条件是必须获得精、卵捐赠者的同意,必须在14天内销毁胚胎,必须通过人类受精与胚胎学管理机构的个案审查并取得执照。由此,英国成为世界上第一个可以为了研究目的而制造胚胎的国家。

四、讨论:14天规则的新挑战

2016年,Deglincerti、Shahbazi等人的论文显示,新开发出的胚胎体外培养技术能够将胚胎在体外培养长达13天[1][2],在此之前,人类胚胎最多只能在体外维持7~9天。由此,围绕14天规则,争议再起。

研究者提出,培养超过14天的胚胎,将有助于深入了解胚胎的分子机制、基因和蛋白质表达,从而推进胚胎的可观察到的形态学变化研究,这将可能是基础研究的重大进展,并带来潜在的治疗应用。但是,要打破14天规则,需要有令人信服的理由,或证明这一限制的理由已不再合理。这需要充分的伦理辩护并获得公众的接受。英国纳菲尔德生物伦理委员会组织的讨论和研究显示,现阶段似乎没有一个明确的理由可以说

---

[1] DEGLINCERTI A, CROFT G F, PIETILA L N, et al. Self-organization of the in Vitro Attached Human Embryo. *Nature*, 2016, 533(7602): 251-254.
[2] SHAHBAZI M N, JEDRUSIK A, VUORISTO S, et al. Self-organization of the Human Embryo in the Absence of Maternal Tissues. *Nature Cell Biology*, 2016, 18(6): 700-708.

服立法者采取行动①。胚胎研究的伦理规制是复杂的伦理辩护和社会协商的结果。

英国选择把制定和修改规则的权限给予议会，由议会审议决定，而不是直接立法，原因就是在这里。虽然英国最终以立法的形式来管理胚胎研究，但是伦理问题不能单纯依靠法律来解决。14天规则的第二项管辖职能是保留议会修正（或不修正）规则的权力。议会建立一个全面监管框架的意图是让法官以将新技术纳入特别监管框架的方式来解释新技术，而不是确立议会制定的法规的法律地位。议会保留了对胚胎研究这些方面的权利，14天规则的任何修正都需要对议会法案进行修正，任何改变都需要有足够的理由来说服议会②。这是一个新的伦理辩护和社会协商的过程。

英国为胚胎研究提供了一个开放、透明的政策环境，建立了一套严格而完善的监管体系。英国胚胎研究与伦理治理的参与主体包括政府机构、大学/研究机构、基金会、社会公众以及其他相关社会团体。公众与科学研究团体的沟通是达成共同理解的基础，行政部门与科研群体之间的有效交流是形成良性

---

① Nuffield Council on Bioethics. Human Embryo Culture: Discussions Concerning the Statutory Time Limit for Maintaining Human Embryos in Culture in the Light of Some Recent Scientific Developments 2007. [2020-03-13]. https://www.nuffieldbioethics.org/wp-content/uploads/Human-Embryo-Culture-web-FINAL.pdf.
② Ibid.

管理体系的基础。英国的胚胎管理体系通过一系列的设置，促成了政府与研究团体、公众之间的有效协商，而这种交流以达成共识为目的。

不同国家拥有不同文化、制度和发展战略。在胚胎研究的监管方面，英国不宜被自动视为基准。但是，扎实的伦理论证、严格的程序和制度是获得信誉的非常有效的手段[1]。通过广泛的伦理讨论逐步推进法律规范建设，为前沿研究进行可靠的伦理辩护，由此树立负责任研究和创新的良好形象，是英国等科技领先国家的经验。前沿探索的话语权离不开伦理辩护和论证。没有基于广泛的伦理协商的伦理治理，前沿探索就会受到普遍质疑，实际也将研究者置于无法预测的责任风险之中，且对参与国际科技创新竞争形成制约。

---

[1] Nuffield Council on Bioethics. Human Embryo Culture: Discussions Concerning the Statutory Time Limit for Maintaining Human Embryos in Culture in the Light of Some Recent Scientific Developments 2007. [2020-03-13]. https://www.nuffieldbioethics.org/wp-content/uploads/Human-Embryo-Culture-web-FINAL.pdf.

第五章

科技伦理治理体制、机制建设

从"边界组织"的视角来看，多主体参与促成了新的治理机制的形成，并且更加有效地推动了新兴科技的伦理治理。建设一个能够将不同类型的利益相关者整合在一起、共同协商治理的平台，也即边界组织，尤为重要。其中，建立各种形式的伦理委员会，包括国家级别、地区级别、机构级别的伦理委员会，并在不同级别建立研究伦理委员会，是多主体参与的一种重要形式，可以成为我国科技伦理治理的一个很好的切入点。

第一节　边界组织与伦理治理机制
　　——以合成生物学领域为例[①]

新兴科学技术快速发展，对人类个体、社会和自然环境等的影响也迅速扩大。生物医药、农业技术、环境科学、工程技术等新兴科技带来了涉及生命健康安全、隐私保护、家庭和社会关系、生态安全、资源分配、国家安全等诸多伦理、法律和社会问题，已经使既有的科技管理面临巨大挑战。比如，现代生物技术已经成为一个复杂的系统，很难将其作为一个孤立的个体对待。这个系统涉及许多不同的社会经济相关部门——农业、林业、水产养殖、采矿、石油炼制、环境治理、人类和动物健康、食品加工、化工、安全等，以及一系列工业过程中的

[①] 本节主要内容原载于《自然辩证法通讯》，详见：黄小茹，饶远. 从边界组织视角看新兴科技的治理机制——以合成生物学领域为例. 自然辩证法通讯，2019，41(5): 89-95.

相关技术及其应用。[①]生物技术的发展和应用引起了医学、农业、食品工业及制药业等相关领域的革命性变化，为人类带来福音的同时，也对社会、环境和经济产生深远影响，引发了一系列的社会、伦理、政策和法律问题和风险。

这些问题和风险使得社会现有的观念、秩序、体制等面临挑战，并影响到科技本身的发展以及社会的运行。新兴科学技术伦理问题和社会风险已经成为一个颇受关注的研究领域。现代社会对新兴科学技术及其应用的规范已不再局限于道德讨论和限制的范畴，许多国家已经开始逐渐赋予伦理规范以"社会治理"的使命，将其纳入"社会监督""制度"和"法"的语境中，伦理治理逐渐成为"一种机制"进入到实操层面。不同群体多元化的利益诉求随着社会转型而日渐增强，而伦理治理机制本质上就是多相关主体引出的责任分担问题。本节尝试以合成生物学领域为例，从"边界组织"的视角探讨伦理治理机制是如何形成的，为分析我国新兴科技伦理治理提供研究支撑。

[①] UNESCO Division of Ethics of Science and Technology. Ethics Education Programme: Bioethics Core Curriculum Proposal, 2001.

一、科学的不确定性和伦理问题的复杂性：伦理治理边界组织的出现

20世纪70年代，生命科学领域的伦理问题凸显出来，诸如人类遗传疾病筛查[①]、产前诊断[②]的伦理问题等已在国际上有不少研究。1975年的阿西洛马会议是生命科学伦理学的一个里程碑。这一时期对伦理问题的讨论和研究主要关注某个具体技术的责任或者说科学家责任问题[③]，探讨科学家、工程师职业特点和伦理挑战，新科学技术及其后果问题。

20世纪80年代以来，另一些技术发展中非主观意愿重大事件比如技术设施故障（如切尔诺贝利核事故）的发生，进一步引发人们的思考。此时的研究仍认为科学技术具有中性价值，更加关注如何权衡期待中的正面成果和非主观意愿的负面后果[④]。伴随着基因技术的发展，转基因作物、转基因食品等开始出现，进一步将问题引向对人的"技术改良"的讨论。

2000年之后，基因技术的进一步发展推动了关于"人的自然本性之未来"的讨论。对其他领域如合成生物学的伦理问

---

① BERGSMA D. Ethical, Social, and Legal Dimensions of Screening for Human Genetic Disease. *Birth Defects Original Article Series*, 1974(6): 272.
② POWLEDGE T M, FLETCHER J. Guidelines for the Ethical, Social and Legal Issues in Prenatal Diagnosis. *New England Journal of Medicine*, 1979, 300(4): 168-172.
③ JONAS H. The Imperative of Responsibility: In Search of an Ethics for the Technological Age. *Human Studies*, 1984, 11 (4):419-429.
④ 格伦瓦尔德. 技术伦理学手册. 吴宁，译. 北京：社会科学文献出版社，2017: 5.

题的研究也提出了人本身、科学技术、自然三者关系的基本问题。研究开始触及更深层次的人类学、技术哲学等方面的问题[①]。其中，有许多伦理问题需要研究，有许多道德抉择亟待做出。

科学界和社会都意识到，在运用科技杠杆推动社会前进的同时，必须放弃盲目的技术乐观主义，主动担当起日益增强的科技力量所带来的相应道德责任。然而，关于诸如怎样做决定的问题，一直以来缺乏公认的、普遍性的东西（比如做决定的标准和方法）。在不同的文化环境中，伦理问题的阈值不同，价值观、伦理意蕴和道德义务相异，这不可避免地导致了一系列的迷茫、困惑和争议。

如果技术范畴中的问题演变成了公共冲突和矛盾，那么政治意义上的技术管理就有了登场亮相的重要动因[②]。以往科技政策和科研管理往往是科技研发先行，待技术出现之后，再深入探讨后续的社会效应及政策层面整合与沟通的问题。这种做法的直接后果就是政策或治理资源未能实时配合，导致科技发展未能与美好愿景的方向一致。在新兴科技发展中，这种常规做法所产生的负面效应尤为明显。随着社会转型，社会利益多元化的格局显现，不同群体多元化的利益诉求增强。在此背景

---

① 格伦瓦尔德. 技术伦理学手册. 吴宁, 译. 北京：社会科学文献出版社, 2017: 5.
② 同上书：4, 663.

下，风险管理被更早、更多地提出来，人们关注什么样的技术和创新政治实践能够适应未来的技术创新。在此过程中，社会和机构这两个因素对于创新的成败具有重大的作用和意义①。

这就进入到下一个问题，即谁才能够决定科技前进的方向。这涉及责任的问题。在新兴科技伦理问题的研究和实践中，责任的概念承前启后——关涉理念和操作。无论是"负责任研究与创新""科学家责任"，还是"伦理治理""公众参与"，都是在关注"责任"的问题。只有明晰责任，才能回答新兴科技伦理治理最核心的问题：谁对什么以及对谁负责任？科技发展伦理责任的复杂性在于：第一，责任主体显然不是单一的，究竟谁是"责任的主体"，这个问题是不明确的，我们可能需要使用"相关者"的概念；第二，责任主体、责任客体、责任评判机构这三者在互动的过程中并不存在直接的、因果的关系。因此，治理机制本质上是多相关主体引出的责任分担问题，治理所提出的标准、规范，是基于因果条件而非直接因果关系。因此，"责任的稀释"无可避免。

这里，我们引入大卫·古斯顿的"边界组织"的概念。古斯顿采用科学社会学的建构论方法，提出政治与科学之间有一类边界组织的观点。他认为，科学的社会契约是第二次世界大

---

① 格伦瓦尔德. 技术伦理学手册. 吴宁, 译. 社会科学文献出版社, 2017: 662.

战刚结束的那个时期在科学与政府的新型关系下形成的协议，即通过允许科学的自动机制或自我调节机制来处理各种问题，相信科学共同体能够最好地管理科学事业中的诚信与产出率问题。然而，随着对科学诚信问题质询的出现、政府与科学共同体之间信任关系的变化、政府监督与管理科学技术的制度化，政治与科学的冲突日益凸显。

在此背景下，对政治人物和科学共同体负责的边界组织形成了，美国科研诚信办公室（Office of Research Integrity，ORI）、技术转移办公室（Office of Technology Transfer，OTT）等成为边界组织的范例。ORI、OTT 的存在证明，在科学的社会契约下，科学自动管理问题的方案已被放弃，取而代之的是更加正式的激励和监督系统。ORI、OTT 代表了一种新的科学政策空间，ORI 是通过成为管理科学诚信问题的正式机构，通过裁决科研不端行为将科学与政治的边界问题内部化；OTT 则是通过正式机制来管理科研的产出率，并通过考量创新经济价值及其指标将科学与政治的边界问题内部化[1]。

"技术治理"（Technology Governance）的概念正是在为解决科学技术研究和应用中日益凸显的伦理问题而提出"责任"概念的时候逐渐兴起的。机构组织和当事人以此来应对共同面

---

[1] 古斯顿. 在政治与科学之间：确保科学研究的诚信与产出率. 龚旭，译. 北京：科学出版社，2011: 12–14.

临的挑战和问题。新兴科技的伦理治理机制涉及多主体的参与，其结构是多元化的，几乎不存在一种单一主体的治理机制，其本质是一个个多主体的"边界组织"的运作。

通过对国外伦理治理机制现状的分析，我们可以发现，各种委员会通常是政府、科技界、社会、企业等之间关于伦理治理的"边界组织"的范例。责任主体包括科学家、企业、政府、社会公众等；外在的机制包括伦理咨询、伦理审查、伦理法律、伦理政策、伦理规范、公众参与、技术评估等。

二、边界组织与伦理治理：以美国合成生物学领域发展为例

相较于传统科技，新兴科技研究及应用的影响范围扩展得更加迅速，波及社会、文化、人与自然的不同层面，所涉及的伦理问题错综复杂，从中我们可以观察到不同主体与机制之间所形成的庞杂的交叉关系。

在多元化开放社会中，新兴科技所引发的伦理问题和社会风险显然难以用单一宗教或价值权威来全盘解决，同时也不再局限于道德讨论和限制的范畴内，而是进入到国家和社会规制的层面，转入到"社会监督""制度"和"法"的语境中。但是，旧有的体制结构无法提供合理的讨论空间，存在明显不足，这种不足使得在利益多元化情境下的伦理争议容易演变为焦点问题。因此，人们越来越强烈地要求建立新的自由反

思和讨论的机构和场合，要求建立中介监督和管理程序[①]，使各种利益群体拥有表达渠道，进行有效沟通，比较异同，培养共识，消除恐慌，实施监督，进而促进决策合理化。由国际组织、政府、学术机构、社会团体等设置公共论坛以及具有政策咨询、管理监督性质的组织，已经成为值得实行并被逐渐接受的做法。

各种伦理委员会的建立可以说是这方面的一个突出现象。它们提供了一个合法化的公开争论乃至决策建议的场所。此类委员会功能不一，最初的一些委员会创立于20世纪60年代，旨在挑选论文发表于学术刊物，目的是保证公开发表的研究成果的学术质量；后来医学领域成立了若干伦理委员会，旨在应医生的要求解决一些涉及敏感问题的病人护理事宜，或是监督人体医学实验计划并在必要时进行过程追踪。20世纪七八十年代之后，才出现了一般意义上的委员会，其中著名的如始于1974年、经历了数次更迭的美国国家生命伦理委员会，成立于1983年的法国生命科学和健康伦理学全国咨询委员会（以下简称"法国全国委员会"）等。美国国家生命伦理委员会和法国全国委员会均由政府设置，为政府财政支持的独立机构。法国全国委员会主要由资深专家构成，而美国国家生命伦理委员会

[①] 勒努瓦.生物伦理学：宪制与人权.阿劳，译.第欧根尼，1997(1):100-119.

成员为来自不同学科领域的专家和私营组织，以及社区代表、病人代表和特殊利益群体等，这种成员构成，沟通了"专家知识"与伦理原则、社会文化，联结了社群利益与政治力量。美国国家生命伦理委员会的定位为处理科技政策与价值问题的公共论坛、政策咨询委员会，法国全国委员会与之不同，它遵循多学科、多文化和诸权分立的模式，行使立法、咨询、仲裁的职能，其使命超越了政治的、哲学的和宗教的纷争，能够做出独立的论断。[①]虽然功能有所不同，但是它们均体现了非常明显的边界组织的性质。

边界组织如何在具体新兴科技领域的伦理治理中发挥作用？我们以历史仅有约二十年的合成生物学（synthetic biology）领域为例，从美国的相关伦理治理着手进行分析。合成生物学旨在设计和构建工程化的生物系统，使其能够处理信息、制造化合物、生产能源以及增强和改善人类健康等[②]，其目标主要有两点：一是使非天然的分子出现生命的迹象，也就是"人造生命"；二是"改造生命"，比如将一种生命体的"元件"（或经过人工改造的"部件"），组装到另一个生命体中，使其产生特定功能。实际上目前的合成生物学仍然处于初期阶段，类似

---

① 勒努瓦. 生物伦理学：宪制与人权. 阿劳，译，第欧根尼，1997(1): 100–119.
② 中国科协学会学术部. 合成生物学的伦理问题与生物安全. 北京：中国科学技术出版社，2011: 29.

于20世纪60年代的计算机科学,可能到很多年以后,人们才能体会到合成生物学对人类生活的巨大改变[1],但是合成生物学已经迅速渗透进社会生活和经济生产的各个层面,给旧有的法律、政策、经济、监管格局和社会心理带来了巨大的挑战。

在合成生物学发展的早期,科学共同体和政府就开始关注其潜在风险,随后逐步探讨和建立合成生物学的伦理规范和管理规范。较早期的努力主要体现为合成生物学家的自我管治。合成生物学家曾联合起来举办多次国际会议,讨论合成生物学相关伦理、法律、政策和社会问题。其中影响最大的是2005—2006年间、第二次合成生物学国际会议前后的一系列举动。科学家们编写了合成生物学研究行动指南,并酝酿确立民主投票制度以实现自我管治,但是因为担心可能导致出现有敌意的外部审查,及科学团体内部分裂,投票建议最终没有通过。[2]这显示出,合成生物学国际会议这样单一主体的科学家自治组织并不适合未来合成生物学的管治。合成生物学因其显著的特殊性,它的监管问题已经超出了现有的管理框架,也显然超越了单一主体的管理范畴。

---

[1] 李诗渊,赵国屏,王金. 合成生物学技术的研究进展——DNA 合成、组装与基因组编辑. 生物工程学报, 2017, 33(3): 343–360.

[2] MAURER S M, LUCAS K V, TERRELL S. From Understanding to Action: Community-Based Options for Improving Safety and Security in Synthetic Biology. (2006-04-15)[2018-01-29]. https://pdfs.semanticscholar.org/b488/e96eebaf688a811112ad9de890ea2c08a1a1.pdf.

2010年5月20日，美国生物学家克雷格·文特尔（J. Craig Venter）宣布制造出了一个载有1000个基因的DNA片段"辛西娅"（Cynthia）。合成生物学开始真正进入大众视野，其伦理问题和安全监管也愈显紧迫。然而，当时其伦理治理主体、治理方式、治理机制仍是不明确的。一个现实问题是，依据生产方式和预期用途，在美国，合成生物学产品安全性的监管涉及食品药品监督管理局、环保局、农业部三家政府机构，但是很多新技术并不完全契合某个机构的监管权限。[1] 由此，在探讨和实践合成生物学伦理治理的过程中，需要不同主体介入其中，而这正是由新兴技术的不确定性和社会利益的多元化所决定的。之后，多个国际组织、政府咨询委员会、研究机构等不同层面的组织和机构都针对合成生物学的伦理问题、安全监管开展过探讨并形成相关的调研或报告成果。

"辛西娅"发布一周之后，也即2010年5月27日，美国众议院能源和商务委员会就合成生物学相关问题举行听证会。克雷格·文特尔研究所文特尔、伯克利加州大学合成生物学工程研究中心教授杰伊·基斯林（Jay D. Keasling）、美国应用伦理学机构——黑斯廷斯中心专家格雷格里·科布尼克（Gregory

---

[1] SERVICK K. Four Synthetic Biology Inventions That Flummox the Feds. *Science*, 2015-10-15[2018-08-01]. https://www.sciencemag.org/news/2015/10/four-synthetic-biology-inventions-flummox-feds.

E. Kaebnick)等在听证会上作证。这是政治力量开始介入科学领域的显证。

2010年4月,美国国家生物安全科学咨询委员会(NSABB)在回复奥巴马的报告《解决与合成生物学相关的生物安保问题》中指出,应该对合成生物学这样的"两用性研究"(Dual Use Research of Concern,DURC)建立审查和监督制度,提出了5项伦理原则和18项建议,详尽说明了如何保证合成生物学的安全发展。NSABB是一个咨询委员会,由美国国立卫生研究院科学政策办公室的生物技术办公室管理和支持,根据章程,其目的是"为生物安全性监督提供建议、指导,决定某项研究是否具有合法科学目的,是否可能被滥用、对公共卫生和/或国家安全构成生物威胁"[1]。然而,这一建制的委员会能否发挥有效作用仍是值得怀疑的。2012年2月,美国伍德罗·威尔逊国际学者中心(Woodrow Wilson International Center for Scholars)在考察这些建议的执行情况时发现,其中7项建议的执行截止日期已经临近,但得到落实的条款依然寥寥无几。该中心科学家托德·库伊肯(Todd Kuiken)认为"这些来自委员会的建议基本毫无作用"[2]。建议能否得到落实还是

---

[1] JOLIAT J N. National Science Advisory Board for Biosecurity (NSABB). [2018-08-28]. https://onlinelibrary.wiley.com/doi/10.1002/0471686786.ebd0177.
[2] 争议中的合成生物学. [2012-07-19]. http://www.bioguider.com/view-125625-1.html.

要取决于公众对它的重视程度。这也折射了美国的社会政治体制。

合成生物学在军事领域显示出的巨大颠覆性潜力让我们看到在决策中政治力量、军事力量与科学的结合愈发紧密。2017年，在美国众议院军事委员会（Committee on Armed Services）下属的新兴威胁和能力小组委员会（Subcommittee on Emerging Threats and Capabilities）召开听证会审议美国国防部2018财年对抗大规模杀伤性武器计划之前，国防部即已委托美国国家科学院、工程院和医学院成立专家委员会探讨合成生物学时代生物防御漏洞问题。2017年9月，由识别和解决合成生物学潜在生物防御漏洞战略委员会、化学科学与技术委员会、生命科学委员会、地球与生命学部联合署名的《识别合成生物学潜在生物防御漏洞的拟议框架》中期报告（*A Proposed Framework for Identifying Potential Biodefense Vulnerabilities Posed by Synthetic Biology: Interim Report*）提出，需由国防部和合作机构共同应对合成生物学的新挑战，敦促美国政府与科学界一起制定风险管理方案[①]。该报告事实上在业界产生了重大影响，并影响美国国

---

① Committee on Strategies for Identifying and Addressing Biodefense Vulnerabilities Posed by Synthetic Biology, Board on Chemical Sciences and Technology, Board on Life Sciences, et al. *A Proposed Framework for Identifying Potential Biodefense Vulnerabilities Posed by Synthetic Biology: Interim Report*. [2018-08-28].https://www.nap.edu/read/24832/chapter/1.

防科研战略目标的设定和方针举措的实施。

边界组织在合成生物学伦理治理中的进一步的、更加广泛的影响还在继续。鉴于新兴科技快速发展，新产品、新技术不断涌现，现存监管体系充满复杂性，以及中小型企业难以适应原有监管体系等，为促进创新和提高透明度、效率和可预测性，2017年白宫发布了《2017年生物技术协调合作框架法规》(*2017 Update to the Coordinated Framework for the Regulation of Biotechnology*)（2017年的协调框架是在1986年和1992年的协调框架基础上的更新）。这一修订版源于2015年美国白宫科技政策办公室（OSTP）要求食品药品监督管理局、环保局、农业部理清各自在法规监管体系中的作用和责任，提出未来生物技术产品风险评估的联邦法律体系，成立专家委员会以分析未来生物技术产品的布局[1]。为此，OSTP任命由专家组成的生物技术工作组（Biotechnology Working Group），会同食品药品监督管理局、环保局和农业部的有关专家，历时14个月，征求审阅了900条公众评论，并于2015年10月至2016年3月

---

[1] HOLDREN J, SHELANSKI H, VETTER D, et al. Memorandum for Heads of Food and Drug Administration, Environmental Protection Agency, and Department of Agriculture: Modernizing the Regulatory System for Biotechnology Products.(2015-07-02)[2018-08-28]. https://www.epa.gov/sites/production/files/2016-12/documents/modernizing_the_reg_system_for_biotech_products_memo_final.pdf.

间举办了3次公众听证会[①]，形成终版文件。同时，OSTP还委托美国国家科学院开展研究、提交报告，供有关部门参考，进一步完善协调框架。为此，美国国家科学院组建了"未来生物技术产品和生物技术监管体系能力加强委员会"。《2017年生物技术协调合作框架法规》的第六部分是新协调框架的未来审查，规定了对协调框架进行审查，必要时进行更新的机制和时间表。委员会认为，现有的风险分析和公众参与的框架、工具和流程可用于解决未来生物技术产品中可能出现的许多问题；鉴于生物技术产品的大量涌现，应对生物技术产品增加的一个重要方法是更多地使用分层管理；委员会制定了《美国监管体系概念图》，旨在评估和管理产品风险、简化监管要求和提高监管透明度。评估的入手点是产品的预期用途是否处于既定法规的管理下，对应未调控、熟悉且不复杂、不熟悉或复杂、不熟悉且复杂的技术分类，分层管理分别给出了外部流程、低级外部流程、中级外部流程、高级外部流程的管理对策。更高级别的外部流程相较于更低级别的外部流程引入了更多的治理主体，其中，低级外部流程的治理主体为机构，中级外部流程的治理主体为机构、专家顾问小组，高级外

[①] Environmental Protection Agency. Modernizing the Regulatory System for Biotechnology Products. [2018-08-07]. https://www.epa.gov/regulation-biotechnology-under-tsca-and-fifra/modernizing-regulatory-system-biotechnology-products.

部流程的治理主体为机构、利益相关方和受影响方、专家顾问小组[①]。

从美国合成生物学领域伦理治理实践中我们可以看到，新兴科技伦理问题或技术风险具有不确定性，风险与科技、国家、社会安全联系在一起，科学共同体单一主体难以完成治理任务，而政治力量也表现出了主动姿态。多主体参与促成了新的治理机制的形成，并且更加有效地推动了新兴科技的伦理治理。治理机制的一个重要特征是边界组织的形成和运作。边界组织的重要作用在于推动伦理治理的形成和实施，涉及层面包括：伦理问题研究、敏感领域发展咨询、法律规范介入、伦理审查、技术评估、科学传播和公众参与等。

三、我国的生物科技伦理治理

我国合成生物学的发展虽然晚于欧美数年，但进展迅猛，目前合成生物学领域的论文数量已位居全球前列。2018年8月1日，中国科学家首次人工创造了全新的、自然界不存在的生命——单条染色体的真核细胞，《自然》期刊在线发表了中国科学院分子植物科学卓越创新中心/植物生理生态研究所覃

---

① Environmental Protection Agency. Modernizing the Regulatory System for Biotechnology Products. [2018-08-07]. https://www.epa.gov/regulation-biotechnology-under-tsca-and-fifra/modernizing-regulatory-system-biotechnology-products.

重军研究团队与合作者的这一成果①。鉴于合成生物学研究有巨大的应用价值，可带来显著的社会效益和经济回报，合成生物学研究及应用所涉及的多个主要社会群体，如管理部门、科研群体、临床医生、生物企业，都在呼吁进一步推动该领域的进步。2018年我国启动了合成生物学等"16+2"重点专项，《"合成生物学"重点专项2018年度项目申报指南》提出要针对人工合成生物创建的重大科学问题，围绕物质转化、生态环境保护、医疗水平提高、农业增产等重大需求，突破合成生物学的基本科学问题，构建实用性的重大人工生物体系，创新合成生物前沿技术。项目专设"合成生物学伦理、政策法规框架研究"部分，明确提出要"参考全球范围内现有的合成生物学研究和应用的有关政策和法规、标准和指南，为政府制定符合中国国情的、可行的合成生物学研究与应用的政策提供伦理、法律和社会支撑"。在《"合成生物学"重点专项2020年度项目申报指南》中则设有"合成生物学生物安全研究"，研究内容包括分析合成生物学研发及应用过程对生命体、非生命体和生态环境造成功能损害的潜在因素，识别、评估合成生物学研究开发中的误用和滥用风险等。

这明确显示了我国对合成生物学伦理问题及其治理的关注

---

① SHAO Y, LU N, WU Z, et al. Creating a Functional Single-chromosome Yeast. *Nature*, 2018, 560(7718): 331-335.

和需求，同时也显示出当前合成生物学领域尚未就治理原则和依据达成共识，国际上还未有能够解决社会担忧的诸如伦理准则等问题的"软标准"，不同国家主要立足于国际通行规范、国内法律条文、机构伦理管理文件、学术组织伦理规范等实施伦理治理。伦理问题进入政策范畴需要经历伦理问题研究、敏感领域发展咨询、持续伦理审查和评议、法律规范介入、科学传播和公众参与等一系列进程和事项。政府管理部门对于合成生物学研究和应用领域有着统领性的影响，主要通过资助、立法以及行政管理等手段发挥作用。鉴于合成生物学与人类健康、人伦秩序、社会安全等密切相关，传统的以政府为主体的管制措施已然不适应，需要将更广泛的利益相关群体纳入治理中，共同协商解决合成生物学发展所面临的重大技术问题，伦理、法律以及社会议题。其中，边界组织可以发挥问题提出、问题评估、问题解决方案设计的功能。美国合成生物学伦理治理的发展显示，边界组织是背后的重要推手。虽然决策体制不同，但是目前我国的确还缺乏承担这一作用的角色。

国家层面、部门层面或专门成立的委员会通常可以承担这一角色，系统地、持续地处理伦理问题，包括政策咨询、意见统筹、伦理监管、政策执行等，比如研究、甄别和审查可能出现的伦理、法律和社会问题，提供科技伦理咨询服务，保障相关领域的研究与应用在社会道德范围内进行，制定各级伦理委员会工作准则和应遵循的一般性原则，促进立法和政策实施，促进相关领域的国际交流与合作，等等。但是，我国迄今未设立国家生命伦理委员会，在现有的四类伦理审查机构中，虽然部门或地区伦理委员会在功能设置上具有针对重大伦理问题提出政策咨询意见的职能，但实际履职情况不容乐观。究其原因，是体制因素使其缺乏从伦理的维度为国家科技决策提供咨询服务的动力和执行能力。

合成生物学伦理治理涉及多方利益主体，不是单一主体所能够胜任的，建设一个能够将不同类型的利益相关者整合在一起、共同协商治理的平台，也即边界组织，尤为重要。为此，我们需要一个成体系的国家生命伦理委员会：一是根据领域发展和监督工作需要下设分属机构；二是委员会的成员体现"跨界"特征，包括科学家、法学家、伦理学家、政策研究者、管理者、企业代表、社会组织代表等；三是委员会的任务包括甄别和审查可能出现的伦理、法律和社会问题，保障相关领域的研究与应用合乎社会伦理规范，促进立法和政策制定与实施等。对合成生物学领域来说，伦理治理实践具体包括：（1）推进合成生物学的风险及 ELSI 议题研究；（2）健全合成生物学研究与应用的监管体系；（3）完善合成生物学相关规章制度（包括硬性法规和软性自愿规范）；（4）开展国际交流与合作；（5）推动科学界与公众的对话。

第二节　科技伦理问题与国家科技伦理体制

近年来随着科技领域快速发展，社会高度关注的伦理问题不断出现，例如基因编辑婴儿、头颅移植等存在重大伦理问题的事件引起国际社会强烈关注，人工智能快速发展和应用可能带来的安全威胁、数据隐私泄露、算法歧视等伦理问题也成为社会焦点。科技伦理问题和伦理监管是当前学界和社会共同面临的重要议题。

一、从宣言到机制：科技伦理监管的兴起及其对科技发展的意义

科学技术的快速发展对人类原有的伦理和法律观念、社会秩序产生了空前的冲击，为了保障科学技术的安全使用和健康发展，防范可能出现的技术滥用，社会需要考虑应对问题。那么，社会应该如何处理那些饱含社会风险和伦理争议的议题？涉及生命科学的伦理议题应该接受怎样的道德评判？

这类问题存在很大的争议，不同国家、地区的情况差距很大。价值判断或伦理选择是一个相对概念，与文化传统、政治环境、经济发展水平等密切相关。针对某一问题，国际上往往没有一致的道德评判和选择标准。这也正是生物伦理学所探究的问题。我们可以将道德判断的范围缩限在医疗或科技发明上，以及对人体实施医疗的时间点上，也可以将其扩大到施加在会感到恐惧和痛苦的生命体的一切行为上。不同社会和群体对价值的判断显然是存在差距的，但是人们仍在试图进行协调，以最终达成相对的一致。在国际上，有《纽伦堡法典》《赫尔辛基宣言》《涉及人的生物医学研究国际伦理准则》《世界人类基因组与人权宣言》《生命伦理学普遍规范》等，这些国际性的伦理规范和准则，是社会就某些价值判断达成的协议。但是，既然纷争如此之大，这些伦理准则、规范又是根据什么达成的呢？

我们可以看到，最初容易达成的是最基本的伦理原则，因为这是人类社会基于文明发展可以做出的基本的道德判断和选择。1978年，美国国家保护人类生物医学与行为研究对象委员会发表了《培尔蒙特报告》，提出了尊重、有利、公正三项伦理原则，并认为可以将其广泛应用于医疗卫生服务领域。1979年，汤姆·比彻姆（Tom L. Beauchamp）和詹姆士·邱卓思（James F. Childress）出版《生命医学伦理原则》，提出自主、有利、不伤害、公正四项原则，这就是国际医学伦理学和生命伦理学界著名的"四原则"。四原则虽然也遭到一些批评，但它还是获得了广泛认同。各国学者纷纷将其作为理论工具，用于分析、解决新的难题，如转基因技术、人类基因组研究、克隆技术、干细胞研究、再生医疗、艾滋病治疗等领域中的伦理问题。在各种"解难题"活动中，四原则得到进一步的丰富和扩充，并发展出不少辅助假设、辅助说明用以解决原则与原则之间的矛盾。四原则是生命伦理的四种基本价值，也是生命伦理评价的四项基本标准。

近年生命伦理学以四原则为核心的基本理论、基本方法体系逐渐丰满起来。在人们都可以接受的原则下，社会正在通过各种实际的努力来协调不同的价值观引发的价值冲突。相应的伦理共识、伦理准则也随之而来，比如《世界人类基因组与人权宣言》（1997年）、《国际人类基因数据宣言》（2003年）、《世界生物伦理与人权宣言》（2005年）。我们可以看到，社会价值、人伦价值、人类整体的价值、长远价值越来越受到重视，也逐渐成为冲突中的制约力。

这些宣言的目的是让科学决策和实践尊重并且遵循全人类共同奉行的某些一般伦理原则，并为伦理领域制定法律或政策提供依据。但是，准则和宣言本身不过是一纸文书，不是具有约束力的法律文件。要使它们不成为修辞游戏，就需要得到制定、实施和监督公共政策方的支持和社会支持，也就是说，需要形成科技伦理治理基础，即社会网络。

二、科技伦理问题应对：社会网络的形成

即使确立了基本的伦理原则，伦理规范的达成与实践也并没有那么容易，具体到不同的领域当中，问题就更加复杂。纯粹的伦理原则已经无法形成有效的约束，社会需要更加硬性的规范进行治理，以达到促进生物技术发展、谋求其所带来的利益，以及规避风险、协调争论的效果。但是，一方面，在不同社会文化背景下的成员的认识存在差别；另一方面，在不同的科技发展阶段，认识也是不一样的，常处于动态的调整中。因此，生物技术发展所带来的伦理问题，需要全社会的参与和协商解决，需要考虑以下方面。

1. 平等参与和集体决策问题

生物技术所引发的风险和伦理问题并不会局限于影响某一个人或者某一类群体，而是常常波及社会上的每一个人，因此社会尤其是政府通常会形成某种反应或采取某种手段，在这个过程中，就需要考虑所有利益相关者平等参与和集体决策的权利。

那么，该如何在实际操作中保障利益相关者平等参与和集

体决策的权利呢？各类委员会、听证会以及其他公众参与的形式和活动已经成为保障机制的一个重要实现手段。这些委员会和公众参与的形式如何能够保障平等参与和集体决策实现呢？一方面，必然要依靠个人参与的权利意识的觉醒和权利的行使，这有赖于社会民主的推进。另一方面，还需要建立有效的社会监督。社会监督包括很多不同的层面，比如社会公众和媒体的舆论监督、社会团体的介入监督等。这些都不可能一蹴而就，需要经历较长时间的发展。

从伦理委员会的发展来看，这些委员会一开始也只是讨论相关问题的"论坛"，但今天已经成为辅助决策的机构。可以说，虽然使利益相关者平等参与和集体决策并不能立竿见影地解决具体的问题，但是这样一种参与，尤其是在形成一定的参与机制以后，可以成为一种重建信任的制度性安排，为科技发展提供好的伦理环境。

2. 利益保护与平衡问题

除了平等参与和集体决策问题，还需要考虑利益保护与平衡问题。这里所说的利益，不仅包括经济利益，还包括社会利益、政治利益、国家安全利益等。这些利益涉及各个主体。生物技术的发展对公平和公正提出了严峻的挑战，在研究资源分配、研究受益分享和风险承担等方面，带来了面向大众还是面向少数人或少数利益集团等尖锐的问题，以及不同国家和地区怎样分享利益，代与代之间怎样分配利益等复杂的问题。当社会和政府应对生物技术的发展所带来的现实的或者潜在的风险、伦理问题时，必须考虑如何保护不同个人、群体甚至地区和国家的正当利益，而当这些利益存在冲突的时候，还需要考虑如何平衡这些不同的利益。

平衡是一种相对稳定和谐的状态，但平衡不是平均，也不是对等。利益平衡是指通过权威来协调各方面的冲突因素，使相关各方的利益在共存和相容的基础上达到合理的优化状态。但是理想的平衡状态是很难达到的，在现实中往往只能对这种理想状态不断逼近。若要充分考虑各种相互联系又相互冲突的利益，首先需要考虑的即是平衡的标准问题，需要在遵循一定的价值判断标准的前提下，追求整体利益的最大化、损害的最小化，同时保护个体的合理利益。这是最基本的原则。这里所说的"整体"，在不同语境下，既可以是人类社会，也可以是国家，或者某类社会群体；这里所说的"个体"，在不同语境下，既可以是某个个人，也可以是某类社会群体，或者某个（些）国家。我们以人体基因资源为例。人体基因资源既是私人信息和财产，又是国家资源，它不仅关系到个人健康和隐私，还关系到国家安全。个人对其基因的权利是相对的，其权利的行使要同时兼顾国家和社会的利益。从生物伦理学的观点来看,颁布相应的法规、规范、指南就是达到某种平衡的必要手段。

于是,很多国家都采取了措施,特别是建立各种形式的伦理委员会,包括国家级别、地区级别、机构级别的伦理委员会以及在不同级别建立的研究伦理委员会,向决策者提供伦理指导和建议,对研究和技术开发实施实质性的伦理监管。

三、伦理咨询和决策:国家伦理委员会的作用和建制

国家级别的伦理委员会是一个国家伦理审查制度的重要组成部分,服务于国家科技伦理监管和决策。国家伦理委员会已经成为一种普遍建制,据不完全统计,世界上已有40多个国家成立了国家伦理委员会。

国家伦理委员会有两种比较典型的组织形式。第一种是设立国家科学技术研究和应用伦理方面总体性的委员会,一般是在政府机构内有独立地位的实体。其中一类是常设性的,比如德国的国家伦理委员会;还有一类是任期制的,比如美国的总统生物伦理委员会,它的生命周期由总统来签署生效。第二种是以体系的形式设立。其中一类是针对特定的领域成立的相应的研究伦理委员会,比如挪威有五个伦理委员会,分别覆盖医学与健康领域、人文社会科学领域、人类遗产研究领域、科学与技术研究领域以及科研不端行为调查。另一类是纵向管理形

式，比如丹麦通过立法于 1992 年成立研究伦理委员会体系，实施多地区中心实验监管，八个地区研究伦理委员会覆盖各地区，由中央研究伦理委员会统领。

国家伦理委员会一般不审查具体的研究项目，它主要起导航仪的作用：一是关注、研究科技领域中根本性的伦理议题，简单来说就是解决"应该做什么""该不该做"这样的问题，这是具体的伦理审查的前端问题——鉴别问题、确定原则、制定标准；二是解决具体伦理审查中的争议、难解问题，比如仲裁争议，处理地区或机构审查单位因为无力审查、意见分歧而移交的审查工作等；三是对伦理审查进行终端管理，比如对地区机构是否遵守伦理审查规范进行监督管理。

四、制度化建设和能力建设：未来我国科技伦理监管

我国的科技伦理监管应该说是从生物医学领域开始的。20世纪 80 年代后期以来，由于教学医院、生物医学研究机构等的临床研究和试验的大量增加，新药物和疫苗的临床试验、新生物技术和新医疗设备快速发展，人类参与者稳步增加，像知情同意、风险收益比、利益分配这些问题越来越突出，学者们开始考虑如何为人类受试者提供保护，国内的一些生物和医学研究机构开始设立伦理委员会。同时在国际科技交流合作中，来自技术标准和伦理规范与世界接轨的压力也构成了科技伦理

审查积极变化的重要因素。

虽然我们国家已经相继设立了一些伦理委员会，但是近年来发生的多起重大科技伦理事件一再引发国际社会的广泛关注和激烈讨论。科技伦理事件反映出当前不是某一个伦理监管环节出现了问题，而是整个伦理监管机制不健全：科学研究伦理界限模糊，伦理审查职责不清、职能发挥不全，审查过程缺乏监督。其中，国家层面的伦理委员会一直以来的缺失，更使得国家层面的伦理审查法律、制度、政策建设难以有效推进，各级伦理委员会之间缺乏协同机制和约束机制，审查、复核、仲裁、监督、培训、咨询、规划等不同的监管职能难以合理设置。

2019年3月5日，李克强总理在《政府工作报告》中明确提到"加强科研伦理"。这是自2000年以来《政府工作报告》中第一次提及"科研伦理"，旗帜鲜明地表达了中国作为负责任的大国重视科技伦理建设的立场。2019年7月24日，《国家科技伦理委员会组建方案》在中共中央全面深化改革委员会第九次会议审议通过，排在诸多重要文件的首位，表明中央将科技伦理建设作为推进国家科技创新体系不可或缺的重要组成部分。组建国家科技伦理委员会，目的就是加强统筹规范和指导协调，推动构建覆盖全面、导向明确、规范有序、协调一致的科技伦理治理体系。国家科技伦理委员会的要旨在于，抓紧完善制度规范，健全治理机制，强化伦理监管，细化相关法律法规和伦理审查规则，规范各类科学研究活动。同时，为了进一步规范伦理审查工作，还应尽快完善国家、部门、地区、机构四级伦理委员会制度，使各级伦理委员会承担相应的职能，同时增强研究伦理审查的能力。未来科技伦理建设将成为确保我国科技创新活动行稳致远、科学技术健康发展的关键。

后 记

科技伦理治理体制是国家治理体系的重要组成部分。研究新兴科技伦理问题及治理，借鉴国际上科技伦理治理实践经验，认识我国社会文化背景下伦理问题的特殊性，思考可能的治理架构和相应的制度、程序、政策等，是健全国家科技伦理治理体制的研究支撑工作。本书是作者近十年来在科技伦理与治理方向上研究的积累，是关于生命科学领域前沿伦理问题及治理较为系统的思考和阐述，期望能够对科技伦理及治理的研究和实践有所贡献。

本书部分章节内容已在《自然辩证法通讯》《中国软科学》《科学与社会》《工程研究》《中国医学伦理学》等期刊上发表，其中部分与林玲、张新庆、缪航、饶远合写，已在书中注明作者和原载处，此次出版也得到了他们的大力支持，在此一并致谢。

好书推荐

科学元典丛书

1	天体运行论	〔波兰〕哥白尼
2	关于托勒密和哥白尼两大世界体系的对话	〔意〕伽利略
3	心血运动论	〔英〕威廉·哈维
4	薛定谔讲演录	〔奥地利〕薛定谔
5	自然哲学之数学原理	〔英〕牛顿
6	牛顿光学	〔英〕牛顿
7	惠更斯光论（附《惠更斯评传》）	〔荷兰〕惠更斯
8	怀疑的化学家	〔英〕波义耳
9	化学哲学新体系	〔英〕道尔顿
10	控制论	〔美〕维纳
11	海陆的起源	〔德〕魏格纳
12	物种起源（增订版）	〔英〕达尔文
13	热的解析理论	〔法〕傅立叶
14	化学基础论	〔法〕拉瓦锡
15	笛卡儿几何	〔法〕笛卡儿
16	狭义与广义相对论浅说	〔美〕爱因斯坦
17	人类在自然界的位置（全译本）	〔英〕赫胥黎
18	基因论	〔美〕摩尔根
19	进化论与伦理学（全译本）（附《天演论》）	〔英〕赫胥黎
20	从存在到演化	〔比利时〕普里戈金
21	地质学原理	〔英〕莱伊尔
22	人类的由来及性选择	〔英〕达尔文
23	希尔伯特几何基础	〔德〕希尔伯特
24	人类和动物的表情	〔英〕达尔文
25	条件反射：动物高级神经活动	〔俄〕巴甫洛夫
26	电磁通论	〔英〕麦克斯韦
27	居里夫人文选	〔法〕玛丽·居里
28	计算机与人脑	〔美〕冯·诺伊曼
29	人有人的用处——控制论与社会	〔美〕维纳
30	李比希文选	〔德〕李比希
31	世界的和谐	〔德〕开普勒
32	遗传学经典文选	〔奥地利〕孟德尔 等
33	德布罗意文选	〔法〕德布罗意
34	行为主义	〔美〕华生
35	人类与动物心理学讲义	〔德〕冯特
36	心理学原理	〔美〕詹姆斯
37	大脑两半球机能讲义	〔俄〕巴甫洛夫
38	相对论的意义	〔美〕爱因斯坦
39	关于两门新科学的对谈	〔意大利〕伽利略
40	玻尔讲演录	〔丹麦〕玻尔
41	动物和植物在家养下的变异	〔英〕达尔文
42	攀援植物的运动和习性	〔英〕达尔文
43	食虫植物	〔英〕达尔文
44	宇宙发展史概论	〔德〕康德
45	兰科植物的受精	〔英〕达尔文
46	星云世界	〔美〕哈勃
47	费米讲演录	〔美〕费米
48	宇宙体系	〔英〕牛顿
49	对称	〔德〕外尔
50	植物的运动本领	〔英〕达尔文

51	博弈论与经济行为（60周年纪念版）	〔美〕冯·诺伊曼 摩根斯坦
52	生命是什么（附《我的世界观》）	〔奥地利〕薛定谔
53	同种植物的不同花型	〔英〕达尔文
54	生命的奇迹	〔德〕海克尔
55	阿基米德经典著作	〔古希腊〕阿基米德
56	性心理学	〔英〕霭理士
57	宇宙之谜	〔德〕海克尔
58	圆锥曲线论	〔古希腊〕阿波罗尼奥斯
	化学键的本质	〔美〕鲍林
	九章算术（白话译讲）	张苍 等辑撰，郭书春 译讲

即将出版

	动物的地理分布	〔英〕华莱士
	植物界异花受精和自花受精	〔英〕达尔文
	腐殖土与蚯蚓	〔英〕达尔文
	植物学哲学	〔瑞典〕林奈
	动物学哲学	〔法〕拉马克
	普朗克经典文选	〔德〕普朗克
	宇宙体系论	〔法〕拉普拉斯
	玻尔兹曼讲演录	〔奥地利〕玻尔兹曼
	高斯算术探究	〔德〕高斯
	欧拉无穷分析引论	〔瑞士〕欧拉
	至大论	〔古罗马〕托勒密
	超穷理论基础	〔德〕康托
	数学与自然科学之哲学	〔德〕外尔
	几何原本	〔古希腊〕欧几里得
	希波克拉底文选	〔古希腊〕希波克拉底
	普林尼博物志	〔古罗马〕老普林尼

科学元典丛书（彩图珍藏版）

	自然哲学之数学原理（彩图珍藏版）	〔英〕牛顿
	物种起源（彩图珍藏版）（附《进化论的十大猜想》）	〔英〕达尔文
	狭义与广义相对论浅说（彩图珍藏版）	〔美〕爱因斯坦
	关于两门新科学的对话（彩图珍藏版）	〔意大利〕伽利略

博物文库

博物学经典丛书

1.	雷杜德手绘花卉图谱	〔比利时〕雷杜德 著/绘
2.	玛蒂尔达手绘木本植物	〔英〕玛蒂尔达 著/绘
3.	果色花香——圣伊莱尔手绘花果图志	〔法〕圣伊莱尔 著/绘
4.	休伊森手绘蝶类图谱	〔英〕威廉·休伊森 著/绘
5.	布洛赫手绘鱼类图谱	〔德〕马库斯·布洛赫 著
6.	自然界的艺术形态	〔德〕恩斯特·海克尔 著
7.	天堂飞鸟——古尔德手绘鸟类图谱	〔英〕约翰·古尔德 著/绘
8.	鳞甲有灵——西方经典手绘爬行动物	〔法〕杜梅里、〔奥地利〕费卿格/绘
9.	手绘喜马拉雅植物	〔英〕胡克 著 菲奇 绘
10.	飞鸟记	〔瑞士〕欧仁·朗贝尔
11.	寻芳天堂鸟	〔法〕勒瓦扬、〔英〕古尔德、华莱士著
12.	狼图绘：西方博物学家笔下的狼	〔法〕布丰、〔英〕奥杜邦、古尔德 等
13.	缤纷彩鸽——德国手绘经典	〔德〕埃米尔·沙赫特察贝 著；舍讷 绘

生态与文明系列

1.	世界上最老最老的生命	〔美〕蕾切尔·萨斯曼 著
2.	日益寂静的大自然	〔德〕马歇尔·罗比森 著
3.	大地的窗口	〔英〕珍·古道尔 著

4.	亚马逊河上的非凡之旅	〔美〕保罗·罗索利 著
5.	生命探究的伟大史诗	〔美〕罗布·邓恩 著
6.	食之养：果蔬的博物学	〔美〕乔·罗宾逊 著
7.	人类的表亲	〔法〕让-雅克·彼得 著
		〔法〕弗朗索瓦·德博尔德 著
8.	土壤的救赎	〔美〕克莉斯汀·奥尔森 著
9.	十万年后的地球：暖化的真相	〔美〕寇特·史塔格 著
10.	看不见的大自然	〔美〕大卫·蒙哥马利 著
		〔美〕安妮·比克莱 著
11.	种子与人类文明	〔英〕彼得·汤普森 著
12.	感官的魔力	〔美〕大卫·阿布拉姆 著
13.	我们的身体，想念野性的大自然	〔美〕大卫·阿布拉姆 著
14.	狼与人类文明	〔美〕巴里·H.洛佩斯 著

自然博物馆系列

1.	蘑菇博物馆	〔英〕罗伯茨、埃文斯 著
2.	贝壳博物馆	〔美〕M.G.哈拉塞维奇、莫尔兹索恩 著
3.	蛙类博物馆	〔英〕蒂姆·哈利迪 著
4.	兰花博物馆	〔英〕马克·切斯 等著
5.	甲虫博物馆	〔加拿大〕帕特里斯·布沙尔 著
6.	病毒博物馆	〔美〕玛丽莲·鲁辛克 著
7.	树叶博物馆	〔英〕J.库姆斯、〔匈牙利〕德布雷齐 著
8.	鸟卵博物馆	〔美〕马克·E.豪伯 著
9.	毛虫博物馆	〔美〕戴维·G.詹姆斯 著
10.	蛇类博物馆	〔英〕马克·O.希亚 著
11.	种子博物馆	〔英〕保罗·史密斯 著

科学的旅程（珍藏版）	〔美〕雷·斯潘根贝格 等
物理学之美（插图珍藏版）	杨建邺
科学大师的失误	杨建邺
道与名：古代中国和希腊的科学与医学	〔美〕罗维、席文
科学史十论	席泽宗
科学史学导论	〔丹麦〕克奥
科学史方法论讲演录	〔美〕席文
科学革命新史观讲演录	〔美〕狄博斯
对年轻科学家的忠告	〔英〕P. B. 梅多沃
二十世纪生物学的分子革命：分子生物学所走过的路（增订版）	〔法〕莫朗热
道德机器：如何让机器人明辨是非	〔美〕瓦拉赫、艾伦
科学，谁说了算	〔意大利〕布齐

西方博物学文化	刘华杰
风吹草木动	莫非
极地探险	柯潜
沙漠大探险	柯潜
美妙的数学	吴振奎
中国最美的地质公园	吴胜明
穿越雅鲁藏布大峡谷	高登义

徐仁修荒野游踪系列

大自然小侦探	徐仁修
村童野径	徐仁修
与大自然捉迷藏	徐仁修
仲夏夜探秘	徐仁修
思源垭口岁时记	徐仁修
家在九芎林	徐仁修

猿吼季风林	徐仁修
自然四记	徐仁修
荒野有歌	徐仁修
动物记事	徐仁修
探险途上的情书（上、下）	徐仁修

跟着名家读经典丛书

中国现当代小说名作欣赏	陈思和 等
中国现当代诗歌名作欣赏	谢　冕 等
中国现当代散文戏剧名作欣赏	余光中 等
先秦文学名作欣赏	吴小如 等
两汉文学名作欣赏	王运熙 等
魏晋南北朝文学名作欣赏	施蛰存 等
隋唐五代文学名作欣赏	叶嘉莹 等
宋元文学名作欣赏	袁行霈 等
明清文学名作欣赏	梁归智 等
外国小说名作欣赏	萧　乾 等
外国散文戏剧名作欣赏	方　平 等
外国诗歌名作欣赏	飞　白 等

彩绘唐诗画谱	（明）黄凤池
彩绘宋词画谱	（明）汪氏

中华人文精神读本（珍藏版）（上、中、下册）	汤一介
听北大名家讲中华历史文化故事（上、下册）	楼宇烈
最美的唐诗	周克乾
最美的宋词	周克乾
最美的元曲	周克乾
最美的散文	周克乾

中国孩子最喜爱的国学读本（漫画版）·小学卷（上、中、下）	冯天瑜
中国孩子最喜爱的国学读本（漫画版）·中学卷（上、中、下）	冯天瑜

新人文读本（第2版）·小学低年级（4册）	张勇耀
新人文读本（第2版）·小学中年级（4册）	张勇耀
新人文读本（第2版）·小学高年级（4册）	张勇耀
新人文读本（第2版）·初中（6册）	张勇耀

李四光纪念馆系列科普丛书

听李四光讲地球的故事	李四光纪念馆
听李四光讲古生物的故事	李四光纪念馆
听李四光讲宇宙的故事	李四光纪念馆

垃圾魔法书（中小学生环保教材）	自然之友
小论文写作7堂必修课 ——美国中小学生研究性学习特训方案	〔美〕贝弗莉·秦

西方心理学名著译丛

活出生命的意义	〔奥地利〕阿德勒
生活的科学	〔奥地利〕阿德勒
理解人性	〔奥地利〕阿德勒
儿童的人格形成及其培养	〔奥地利〕阿德勒
荣格心理学七讲	〔美〕霍尔、诺德比
思维与语言	〔俄〕维果茨基
记忆	〔德〕艾宾浩斯
格式塔心理学原理	〔美〕考夫卡
实验心理学（上、下册）	〔美〕伍德沃斯、施洛斯贝
人类的学习	〔美〕桑代克